"펑펑 쏟아져야 ~~~ 공부도 집중해야 ~~~ 좋단다."

교과서 집필 교수, 영재교육 연구소, 수학 전문학원, 명강사들이 적극 추천하는 '바빠 연산법'

'바빠 연산법' 시리즈는 학생들이 수학적 개념의 이해를 통해 수학적 절차를 터득하도록 체계적으로 구성한 책입니다.

김진호 교수(초등 수학 교과서 집필진)

'바빠 연산법' 시리즈는 수학적 사고 과정을 온전하게 통과하도록 친절하게 안내하는 길잡이입니다. 이 책을 끝낸 학생의 연필 끝에는 연산의 정확성과 속도가 장착되어 있을 거예요!

호사라 박사(영재사랑 교육연구소)

단순 반복 계산이 아닌 정확한 이해를 바탕으로 스스로 생각하는 힘을 길러 주는 연산 책입니다. 수학의 자신감을 키워 줄 뿐 아니라 심화·사고력 학습에도 도움을 줄 것입니다.

박지현 원장(대치동 현수학학원)

한 영역의 계산을 체계적으로 배치해 놓아 학생들이 '끝을 보려고 달려들기'에 좋은 구조입니다. 계산 속도와 정확성을 완벽한 경지로 올려 줄 것입니다.

김종명 원장(분당 GTG수학 본원)

친절한 개념 설명과 문제 풀이 비법까지 담겨 있어 연산 실력을 단기간에 끌어올릴 수 있는 최고의 교재입니다. 수학의 기초가 부족한 고학년 학생에게 '강추'합니다.

정경이 원장(하늘교육 문래학원)

연산 책의 앞부분만 풀려 있다면 반복적이고 많은 문제 수에 치여서 싫어한다는 뜻입니다. 쉬운 내용은 압축, 어려운 내용은 충분히 연습하도록 구성해 학습 효율을 높인 '바빠 연산법'을 적극 추천합니다.

한정우 원장(일산 잇츠수학)

수학 공부는 등산과 같습니다. 산 아래에서 시작해 정상까지 오른다는 점은 같지만, 어떻게 오르느냐에 따라 걸리는 노력과 시간에도 큰 차이가 있죠. 수학이라는 산에 가장 빠르고 쉽게 오르도록 도와줄 책입니다.

김민경 원장(동탄 더원수학)

빠르게, 하지만 충실하게 연산의 이해와 연습이 가능한 교재입니다. 학년이 높아지면서 수학이 어렵다고 느끼지만 어디부터 시작해야 할지 모르는 학생들에게 '바빠 연산법'을 추천합니다.

남신혜 선생(서울 아카데미)

초등 5, 6학년 우리는 바쁘다!

고학년에게는 고학년 전용 연산 책이 필요하다.

어느덧 고학년이 되었어요.
이렇게 6학년이 되어도, 중학생이
되어도 괜찮을까요?

알긴 아는데 자꾸 실수하고,
계산 문제가 나오면 갑자기 피곤해져요.

**중학교 가기 전
꼭 갖춰야 할
'연산 능력'**

초등 수학의 80%는 연산입니다. 그러므로 중학교에 가기 전 꼭 갖춰야 할 능력 중 하나가 바로 연산 능력입니다. 배울 게 점점 더 많아지는데 연산에서 힘을 빼면 안 되잖아요. 그러니 지금이라도 연산 능력을 갖춰야 합니다. 연산에 충분한 시간을 쏟을 수 없는 5, 6학년도 '바빠 연산법'으로 자신 없는 연산만 훈련해도 문제없이 다음 진도를 따라갈 수 있습니다.

**"선행 학습을
한다고 해서
연산 능력이 저절로
키워지는 않는다!"**

학원에 다니는 상위 1% 학생도 계산력이 부족하면 진도와는 별도로 연산이 완벽해지도록 훈련을 시킵니다.
수학 경시대회 1등 한 학생을 지도한 원장님조차도 "연산 능력은 수학 진도를 선행한다거나, 사고력을 키운다고 해서 저절로 해결되지 않습니다. 계산 능력에 관한 한, 무조건 훈련 또 훈련을 반복해서 숙달되어야 합니다. 연산이 먼저 해결되어야 문제 해결력을 높일 수 있거든요."라고 말합니다.
더도 말고 딱 10일만 분수든 소수든 곱셈이든 나눗셈이든, 안 되는 연산에 집중해서 시간을 투자해 보세요.

영역별로
훈련하면 효율적!
"넌 분수가 약해?
난 나눗셈이 약해."

우리나라 초등 교과서는 연산, 도형, 측정, 확률 등 다양한 영역을 종합적으로 배우게 되어 있습니다. 예를 들어 나눗셈만 해도 3학년에서 5학년에 걸쳐 조금씩 나누어서 배우다 보니 학생들이 앞에서 배운 걸 잊어버리는 경우가 많습니다. 그렇기 때문에 고학년일수록 분수, 소수, 곱셈, 나눗셈 등 부족한 영역만 선택하여 정리하는 게 효율적입니다.

수학의 기본인 연산은 벽돌쌓기와 같습니다. 앞에서 결손이 생기면 뒤로 갈수록 결손이 누적되어 나중에 수학이라는 큰 집을 지을 수 없게 됩니다. 특히 5, 6학년일 때 곱셈과 나눗셈이 완벽하게 준비되어 있지 않다면 분수의 곱셈과 나눗셈, 소수의 곱셈과 나눗셈, 도형의 계산을 해낼 수 없습니다. 방학과 같이 집중할 수 있는 시간이 주어졌을 때 자신이 약하다고 생각하는 영역을 단기간 집중적으로 훈련하여 보강해 보는 건 어떨까요?

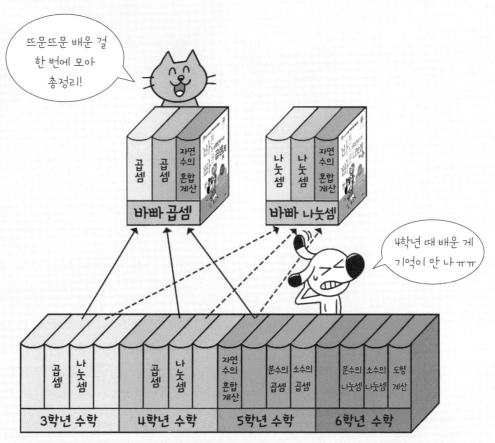

여러 학년에 걸쳐 배우는 연산의 각 영역을 한 권으로 모아서 집중 훈련하면 효율적!

**펑펑 쏟아져야
눈이 쌓이듯,
공부도 집중해야
실력이 쌓인다!**

눈이 쌓이는 걸 본 적이 있나요? 눈이 오다 말면 모두 녹아 버리지만, 펑펑 쏟아지면 차곡차곡 바닥에 쌓입니다. 공부도 마찬가지입니다. 며칠에 한 단계씩, 찔끔찔끔 공부하면 배운 게 쌓이지 않고 눈처럼 녹아 버립니다. 집중해서 펑펑 공부해야 실력이 차곡차곡 쌓입니다.

'바빠 연산법' 시리즈는 한 권에 23~26단계씩 모두 4권으로 구성되어 있습니다. 몇 달에 걸쳐 푸는 것보다 하루에 2~3단계씩 10~20일 안에 푸는 것이 효율적입니다. 집중해서 공부하면 전체 맥락을 쉽게 이해할 수 있어서 한 권을 모두 푸는 데 드는 시간도 줄어들 것입니다. 어느 '하나'에 단기간 몰입하여 익히면 그것에 통달하게 되거든요.

1주일에 한 번씩 공부했더니 다 녹아 버렸네?

날마다 30분씩 연산을 공부했더니 이렇게 쌓였어!

10~20일 안에 풀면 한 권을 푸는 데 드는 시간도 줄어듭니다.

◆사람들은 왜 수학을 어렵게 느낄까?◆

수학은 기초 내용을 바탕으로 그 위에 새로운 내용을 덧붙여 점차 발전시키는 '계통성'이 강한 학문이기 때문입니다. 약수를 모르면 분수의 덧셈을 잘 못하고, 곱셈이 약하면 나눗셈도 잘 풀 수 없습니다. 수학은 이러한 특징 때문에 앞서 배운 내용을 이해하지 못해 학습 결손이 생기면 다음 내용을 공부할 때 유난히 어려움을 느낍니다. 이 책처럼 한 영역씩 집중해서 학습하면 기초 내용을 바탕으로 새로운 내용을 학습하기 때문에 체계성이 높아져 학습 성취도가 더욱 높아집니다. 또한 전체를 계통적으로 학습하기 때문에 학습 흐름이 한눈에 정리됩니다.

10 일에 완성하는 영역별 연산 총정리

바빠
연산법
시리즈

징검다리 교육연구소, 강난영 지음

바쁜

5·6학년을 위한

빠른 곱셈

한 번에
잡자!

한 권으로
총정리!

• 두 자리 수의 곱셈
• 세 자리 수의 곱셈
• 자연수의 혼합 계산

이지스에듀

지은이 **징검다리 교육연구소, 강난영**

징검다리 교육연구소는 바쁜 친구들을 위한 빠른 학습법을 연구하는 이지스에듀의 공부 연구소입니다. 아이들이 기계적으로 공부하지 않도록, 두뇌가 활성화되는 과학적 학습 설계가 적용된 책을 만듭니다.

강난영 선생님은 영역별 연산 훈련 교재로, 연산 시장에 새바람을 일으킨 ≪바쁜 5·6학년을 위한 빠른 연산법≫, ≪바쁜 중1을 위한 빠른 중학연산≫, ≪바쁜 초등학생을 위한 빠른 구구단≫을 기획하고 집필한 저자입니다. 또한, 20년이 넘는 기간 동안 디딤돌, 한솔교육, 대교에서 초중등 콘텐츠를 연구, 기획, 개발해 왔습니다.

바빠 연산법 시리즈(개정판)
바쁜 5, 6학년을 위한 빠른 곱셈

초판 발행 2021년 5월 30일
　　　　　　(2013년 12월에 출간된 책을 새 교육과정에 맞춰 개정했습니다.)
초판 5쇄 2024년 6월 20일
지은이 징검다리 교육연구소, 강난영
발행인 이지연
펴낸곳 이지스퍼블리싱(주)
출판사 등록번호 제313-2010-123호
주소 서울시 마포구 잔다리로 109 이지스 빌딩 5층(우편번호 04003)
대표전화 02-325-1722　　　　　　팩스 02-326-1723
이지스퍼블리싱 홈페이지 www.easyspub.com　　이지스에듀 카페 www.easysedu.co.kr
바빠 아지트 블로그 blog.naver.com/easyspub　　인스타그램 @easys_edu
페이스북 www.facebook.com/easyspub2014　　이메일 service@easyspub.co.kr

본부장 조은미　기획 및 책임 편집 박지연 | 김현주, 정지연, 이지혜　교정 교열 방혜영
표지 및 내지 디자인 정우영　그림 김학수　전산편집 이츠북스　인쇄 보광문화사
영업 및 문의 이주동, 김요한(support@easyspub.co.kr)　마케팅 박정현, 한송이, 이나리　독자 지원 오경신, 박애림

ISBN 979-11-6303-248-9 64410
ISBN 979-11-6303-253-3(세트)
가격 9,800원

알찬 교육 정보도 만나고 출판사 이벤트에도 참여하세요!

1. 바빠 공부단 카페	2. 인스타그램	3. 카카오 플러스 친구
cafe.naver.com/easyispub	@easys_edu	🔍 이지스에듀 검색!

• **이지스에듀**는 이지스퍼블리싱의 교육 브랜드입니다.
　(이지스에듀는 아이들을 탈락시키지 않고 모두 목적지까지 데리고 가는 책을 만듭니다!)

학원 선생님과 독자의 의견 덕분에 더 좋아졌어요!

'바빠 연산법'이 개정 교육과정을 반영해 새롭게 나왔습니다. 이번 판에서는 '바빠 연산법'을 이미 풀어 본 학생, 학부모, 학원 선생님들의 의견을 받아 학습 효과를 더욱 높였습니다. 이를 위해 학생이 직접 푼 교재 30여 권을 다시 수거해 아이들이 어떻게 풀었는지, 어느 부분에서 자주 틀렸는지 등의 실제 학습 패턴을 파악했습니다. 또한 아이의 학습을 어떻게 진행했는지 학부모, 학원 선생님들과 소통했습니다. 이렇게 독자 여러분의 생생한 의견을 종합해 '진짜 효과적인 방법', '직접 도움을 주는 방향'으로 구성했습니다.

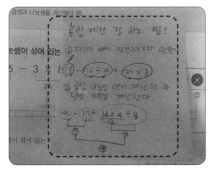

수학학원 원장님에게 받은 꿀팁 수록!

실제 독자가 푼 '바빠 연산법' 책을 통해 학습 패턴 파악!

☆ 우리 집에서도 진단 평가 후 맞춤 학습 가능!

집에서도 현재 아이의 학습 상태를 정확하게 진단하고, 맞춤형 학습 계획을 세우고 싶다는 학부모님의 의견을 반영하여, 수학 학원 원장님들의 실제 진단 평가 방식을 적용했습니다. ▸▸▸ 13쪽

☆ 쉬운 부분은 빠르게 훑고, 어려운 내용은 더 많이 연습하는 탄력적 배치!

기계적으로 반복하는 연산 문제는 풀기 싫어한다는 의견을 적극 반영하여, 간단한 연습만으로도 충분한 단계는 3쪽으로, 더 많은 연습이 필요한 단계는 4쪽, 5쪽으로 확대하여 더욱 탄력적으로 구성했습니다. 기계적인 반복 훈련을 배제하여 같은 시간을 들여도 더 효율적으로 공부할 수 있습니다.

선생님이 바로 옆에 계신 듯한 설명

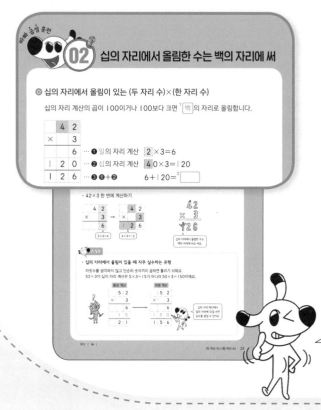

무조건 풀지 않는다!
개념을 보고 '느낌 알면서~.'

개념을 바르게 이해하지 못한 채 생각 없이 문제만 풀다 보면 어느 순간 벽에 부딪힐 수 있어요. 기초 체력을 키우려면 영양소를 골고루 섭취해야 하듯, 연산도 훈련 과정에서 개념과 원리를 함께 접해야 기초를 건강하게 다질 수 있답니다.

오호! 제목만 읽어도
개념이 쏙쏙~.

우왓! 비법을 아니 쉽네?
'바빠 꿀팁'과 '앗! 실수'를
꼭 봐요~.

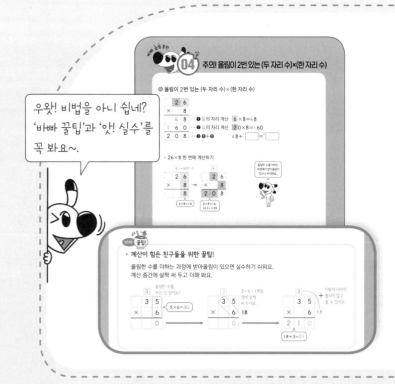

책 속의 선생님!
'바빠 꿀팁'과 '앗! 실수'로
선생님과 함께 푼다!

수학 전문학원 원장님들의 의견을 받아 책 곳곳에 친절한 도움말을 담았어요. 문제를 풀 때 알아두면 좋은 '바빠 꿀팁'부터 실수를 줄여 주는 '앗! 실수'까지! 혼자 푸는데도 선생님이 옆에 있는 것 같아요!

종합 선물 같은 훈련 문제

실력을 쌓아 주는
바빠의 '작은 발걸음' 방식!

쉬운 내용은 빠르게 학습하고, 어려운 부분은 더 많이 훈련하도록 구성해 학습 효율을 높였어요. 또한 조금씩 수준을 높여 도전하는 바빠의 '작은 발걸음 방식(small step)'으로 몰입도를 높였어요.

느닷없이 어려워지지 않으니 끝까지 풀 수 있어요~.

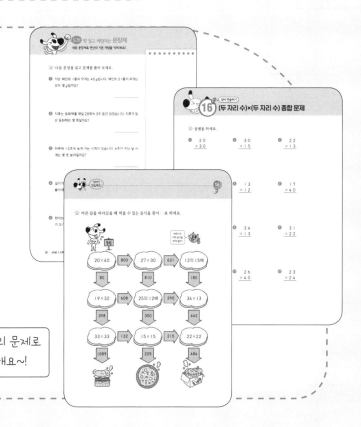

생활 속 언어로 이해하고,
내 것으로 만드니 자신감이
저절로!

단순 계산력 문제만 연습하고 끝나지 않아요. 쉬운 문장제로 생활 속 개념을 정리하고, 한 마당이 끝날 때마다 섞어서 연습하고, 게임처럼 즐겁게 마무리하는 종합 문제까지!

다양한 유형의 문제로 즐겁게 학습해요~!

5·6학년 바빠 연산법, 집에서 이렇게 활용하세요!

☆ 수학이 어려운 5학년 학생이라면?

구구단을 모르면 곱셈 계산을 할 수 없듯이, 곱셈과 나눗셈이 완벽하지 않으면 분수와 소수의 계산을 잘하기 어렵습니다. 먼저 '바빠 연산법'의 곱셈, 나눗셈으로 연습하여, 분수와 소수 계산을 잘하기 위한 기본기 먼저 다져 보세요.

☆ 수학이 어려운 6학년 학생이라면?

6학년이 되었는데 아직도 수학이 너무 어렵다고요? 걱정하지 말아요. 지금부터 시작해도 충분히 할 수 있어요! 먼저 진단 평가로 어느 부분이 부족한지 파악하세요. 곱셈이나 나눗셈 계산이 힘든지, 분수가 어려운지 또는 소수 계산에 시간이 너무 오래 걸리는지 확인해 각 단점을 보완할 수 있는 '바빠 연산법' 시리즈의 곱셈, 나눗셈, 분수, 소수 중 1권씩 골라서 공부해 보세요. 6학년 친구들은 분수와 소수를 더 많이 풀어요.

☆ 중학교 수학이 걱정인 6학년 학생이라면?

중학교 수학, 생각만 해도 불안하죠? 초등학교에서 배운 수학의 기초가 튼튼하다면 중학교 수학도 얼마든지 잘할 수 있으니 걱정하지 말아요.

기본 연산 훈련이 충분히 되어 있다면, 중학교 수학에서 꼭 필요한 분수 영역을 '바빠 연산법' 분수로 학습해 튼튼한 기초를 다져 보세요. 그런 다음 '바빠 중학 연산'으로 중학 수학을 공부하세요!

▶ 5, 6학년 연산을 총정리하고 싶은 친구는 곱셈→ 나눗셈→ 분수→ 소수 순서로 풀어 보세요.

바빠 수학,
학원에서는 이렇게 활용해요!

도움말: 더원수학 김민경 원장(네이버 '바빠 공부단 카페' 바빠쌤)

☆ 학습 결손 해결, 1:1 맞춤 보충 교재는? '바빠 연산법'

영역별로 집중 훈련하도록 구성되어, 학생별 1:1 맞춤 수업 교재로 사용합니다. 분수가 부족한 학생은 분수로 빠르게 결손을 보강하고, 기초 연산 실력이 부족한 친구들은 곱셈, 나눗셈으로 기본 연산부터 훈련합니다. 부족한 부분만 핀셋으로 콕! 집듯이 공부할 수 있어 좋아요!

숙제나 보충 교재로 활용한다면 기존 수업 방식에 큰 변화 없이도 부족한 연산 결손을 보강할 수 있어 활용도가 높습니다.

☆ 다음 학기 선행은? '바빠 교과서 연산'

'바빠 교과서 연산'은 학기 중 진도 따라 풀어도 좋은 책이지만 방학 동안 다음 학기 선행을 준비할 때도 큰 도움이 됩니다. 일단 쉽기 때문입니다. 교과서 순서대로 빠르게 공부할 수 있어 짧은 방학 동안 부담 없이 학습할 수 있습니다. 첫 번째 교과 수학 선행 책으로 추천합니다.

☆ 서술형 대비는? '나 혼자 푼다! 수학 문장제'

연산 영역을 보강한 학생 중 서술형을 어려워하는 학생은 마지막에 꼭 '나 혼자 푼다! 수학 문장제'를 추가로 수업합니다. 학교 교과 수준의 어렵지도 쉽지도 않은 딱 적당한 난이도라, 공부하기 좋아요. 다양한 꿀팁과 친절한 설명이 담겨 있는 시리즈로, 학생 혼자서도 충분히 풀 수 있어 숙제로 내주기도 합니다.

곱셈 진단 평가

첫째 마당

**(두 자리 수)
×(한 자리 수)**

01	간단한 곱셈은 암산으로 빠르게~	18
02	십의 자리에서 올림한 수는 백의 자리에 써	23
03	올림한 수는 윗자리 계산에 꼭 더해	28
04	주의! 올림이 2번 있는 (두 자리 수)×(한 자리 수)	33
05	(두 자리 수)×(한 자리 수) 종합 문제	38

둘째 마당

**(세 자리 수)
×(한 자리 수)**

06	일, 십, 백의 자리를 각각 곱하고 더해!	44
07	올림한 수는 한 자리 위로!	49
08	주의! 올림이 여러 번 있는 (세 자리 수)×(한 자리 수)	55
09	(세 자리 수)×(한 자리 수) 종합 문제	60

셋째 마당

**(두 자리 수)
×(두 자리 수)**

10	(몇십)×(몇십)은 (몇)×(몇) 뒤에 0을 2개 붙여!	66
11	몇십을 곱하면 뒤에 0을 1개 붙여!	71
12	일의 자리와 십의 자리 수로 나누어 곱하자	76
13	일의 자리 곱의 올림을 작게 표시하며 풀자	81
14	십의 자리 곱의 올림을 작게 표시하며 풀자	86
15	주의! 올림이 여러 번 있는 (두 자리 수)×(두 자리 수)	91
16	(두 자리 수)×(두 자리 수) 종합 문제	96

넷째 마당

**(세 자리 수)
×(두 자리 수)**

17	곱하는 두 수의 0의 개수만큼 0을 뒤에 붙여!	102
18	몇십을 곱하면 뒤에 0을 1개 붙이면 되니 쉬워~	107
19	올림이 없는 (세 자리 수)×(두 자리 수)는 가뿐히~	112
20	올림이 있는 (세 자리 수)×(두 자리 수)도 실수 없게!	117
21	주의! 올림이 여러 번 있는 (세 자리 수)×(두 자리 수)	122
22	세 수의 곱셈은 순서가 바뀌어도 계산 결과가 같아	127
23	자연수의 혼합 계산은 계산 순서가 중요해	132
24	(세 자리 수)×(두 자리 수) 종합 문제	137

정답 | | 144

진단 평가

'차근차근 문제를 풀어 더 정확하게 확인하겠다!' 면 20문항을 모두 풀고,
'빠르게 확인하고 계획을 세울 자신이 있다!' 면 짝수 문항만 풀어 보세요.

내 실력은 어느 정도일까?

15분 진단

평가 문항: 20문항

5학년은 풀지 않아도 됩니다.
➡ 바로 20일 진도로 진행!

진단할 시간이 부족할 때

7분 진단

짝수 문항만
풀어 보세요~.

평가 문항: 10문항

학원이나 공부방 등에서
진단 시간이 부족할 때 사용!

🕐 시계가 준비됐나요?
자! 이제, 제시된 시간 안에 진단 평가를 풀어 본 후
16쪽의 '권장 진도표'를 참고하여 공부 계획을 세워 보세요.

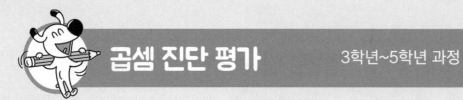

🐾 곱셈을 하세요.

① $60 \times 3 =$

② $21 \times 4 =$

③
$$\begin{array}{r} 6\,2 \\ \times \quad 4 \\ \hline \end{array}$$

④
$$\begin{array}{r} 2\,9 \\ \times \quad 3 \\ \hline \end{array}$$

⑤
$$\begin{array}{r} 8\,7 \\ \times \quad 3 \\ \hline \end{array}$$

⑥
$$\begin{array}{r} 3\,9 \\ \times \quad 6 \\ \hline \end{array}$$

⑦
$$\begin{array}{r} 1\,3\,4 \\ \times \quad 2 \\ \hline \end{array}$$

⑧
$$\begin{array}{r} 2\,2\,8 \\ \times \quad 3 \\ \hline \end{array}$$

⑨
$$\begin{array}{r} 2\,4\,5 \\ \times \quad 6 \\ \hline \end{array}$$

⑩
$$\begin{array}{r} 4\,1\,7 \\ \times \quad 8 \\ \hline \end{array}$$

바빠

🐾 곱셈을 하세요.

⑪
$$\begin{array}{r} 3\ 1 \\ \times\ 2\ 7 \\ \hline \end{array}$$

⑫
$$\begin{array}{r} 2\ 7 \\ \times\ 3\ 3 \\ \hline \end{array}$$

⑬
$$\begin{array}{r} 3\ 4 \\ \times\ 2\ 5 \\ \hline \end{array}$$

⑭
$$\begin{array}{r} 4\ 5 \\ \times\ 6\ 7 \\ \hline \end{array}$$

⑮
$$\begin{array}{r} 2\ 1\ 3 \\ \times\ \ \ 3\ 2 \\ \hline \end{array}$$

⑯
$$\begin{array}{r} 1\ 9\ 4 \\ \times\ \ \ 2\ 6 \\ \hline \end{array}$$

⑰
$$\begin{array}{r} 2\ 6\ 3 \\ \times\ \ \ 3\ 5 \\ \hline \end{array}$$

⑱
$$\begin{array}{r} 4\ 3\ 8 \\ \times\ \ \ 3\ 4 \\ \hline \end{array}$$

🐾 계산하세요.

⑲ $40-3\times7+19=$

⑳ $24+6\times(20-7)=$

나만의 공부 계획을 세워 보자

출발!

다 맞았어요! — 예 → 10일 진도표로 공부하면서 푸는 속도를 높여 보자!

아니요

1~5번을 못 풀었어요. — 예 → '바쁜 3·4학년을 위한 빠른 곱셈' 편을 먼저 풀고 다시 도전!

아니요

6~16번에 틀린 문제가 있어요. — 예 → 첫째 마당부터 차근차근 풀어 보자! **20일 진도표로** 공부 계획을 세워 보자!

아니요

17~20번에 틀린 문제가 있어요. — 예 → 단기간에 끝내는 **10일 진도표로** 공부 계획을 세워 보자!

권장 진도표

★	20일 진도	10일 진도
1일	01 ~ 02	01 ~ 05
2일	03 ~ 04	06 ~ 07
3일	05	08 ~ 09
4일	06 ~ 07	10 ~ 11
5일	08	12 ~ 13
6일	09	14 ~ 15
7일	10 ~ 11	16
8일	12	17 ~ 19
9일	13	20 ~ 21
10일	14	22 ~ 24
11일	15	
12일	16	
13일	17	
14일	18	
15일	19	
16일	20	
17일	21	
18일	22	
19일	23	
20일	24	

야호! 총정리 끝!

진단 평가 정답

❶ 180　　❷ 84　　❸ 248　　❹ 87　　❺ 261　　❻ 234

❼ 268　　❽ 684　　❾ 1470　　❿ 3336　　⓫ 837　　⓬ 891

⓭ 850　　⓮ 3015　　⓯ 6816　　⓰ 5044　　⓱ 9205　　⓲ 14892

⓳ 38　　⓴ 102

첫째 마당

(두 자리 수)×(한 자리 수)

(두 자리 수)×(한 자리 수)는 3학년 때 배운 내용이니 어렵지 않을 거예요. 하지만 기초 체력이 튼튼해야 운동을 잘하는 것처럼 이번 마당을 잘 풀어야 나중에 복잡하고 어려운 계산까지도 순탄하게 풀 수 있어요. 기초를 다진다는 생각으로 집중해서 빠르게 풀어 보세요.

공부할 내용!	완료	10일 진도	20일 진도
01 간단한 곱셈은 암산으로 빠르게~	✔		1일차
02 십의 자리에서 올림한 수는 백의 자리에 써	☐	1일차	
03 올림한 수는 윗자리 계산에 꼭 더해	☐		2일차
04 주의! 올림이 2번 있는 (두 자리 수)×(한 자리 수)	☐		
05 (두 자리 수)×(한 자리 수) 종합 문제	☐		3일차

☆ (몇십)×(몇)

(몇)×(몇)을 계산한 값에 0을 ^{1}☐개 붙입니다.

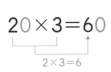

$$20×3=60$$

$2×3=6$

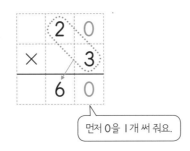

먼저 0을 1개 써 줘요.

2×3을 계산한 값에 0 하나만 더 붙이면 돼요!

바빠 꿀팁!

30×2는 3×2=6의 값에 0을 1개, 300×2는 3×2=6의 값에 0을 2개 붙인 것과 같아요.

구분	3×2	30×2	300×2
묶음	3개씩 2묶음	30개씩 2묶음	300개씩 2묶음
곱의 결과	3×2=6	30×2=60	300×2=600

☆ 올림이 없는 (두 자리 수)×(한 자리 수)

일의 자리, ^{2}☐의 자리 순서로 계산합니다.

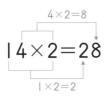

$4×2=8$

$$14×2=28$$

$1×2=2$

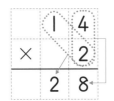

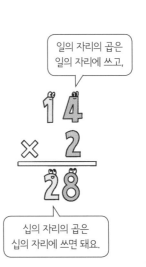

일의 자리의 곱은 일의 자리에 쓰고,

십의 자리의 곱은 십의 자리에 쓰면 돼요.

A (몇)×(몇)을 곱셈구구로 암산하고 뒤에 0을 붙이면 돼요.

🐾 곱셈을 하세요.

① 1×3=
　10×3=

② 2×4=
　20×4=

③ 3×5=
　30×5=

④ 10×5=

⑤ 30×2=

⑥ 40×2=

⑦ 70×2=

⑧ 20×5=

⑨ 30×4=

⑩
```
    5 0
×     3
```

⑪
```
    2 0
×     8
```

⑫
```
    5 0
×     4
```

⑬
```
    4 0
×     7
```

⑭
```
    6 0
×     4
```

⑮
```
    7 0
×     6
```

(몇십)×(몇)과 (몇)×(몇)의 합으로 생각할 수 있어요.

$$3\times2=6$$
$$13\times2=26$$
$$10\times2=20$$

🐾 곱셈을 하세요.

1 $2\times2=4$
$12\times2=$
$10\times2=20$

2 $24\times2=$

3 $13\times3=$

4 $33\times2=$

5 $12\times4=$

6 $31\times2=$

7 $41\times2=$

8 $11\times6=$

9 $21\times4=$

10
	1	3
×		2

11
	2	2
×		3

12
	2	3
×		3

13
	3	4
×		2

14
	4	2
×		2

15
	3	2
×		3

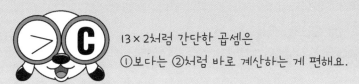
🐾 곱셈을 하세요.

①
```
    1 1
  ×   3
```

②
```
    1 2
  ×   3
```

③
```
    2 2
  ×   2
```

④
```
    2 3
  ×   2
```

⑤
```
    1 1
  ×   7
```

⑥
```
    2 1
  ×   3
```

⑦
```
    1 1
  ×   9
```

⑧
```
    4 0
  ×   3
```

⑨
```
    3 1
  ×   3
```

⑩
```
    3 2
  ×   2
```

⑪
```
    4 3
  ×   2
```

⑫
```
    2 2
  ×   4
```

⑬
```
    3 3
  ×   3
```

⑭
```
    4 4
  ×   2
```

잘하고 있어요!
한 쪽만 더
풀어 볼까요?

🐾 다음 문장을 읽고 문제를 풀어 보세요.

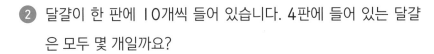
5, 6학년이니까 기초 문장제까지 이어서 연습해 봐요!

1 1분은 60초입니다. 5분은 몇 초일까요?

_____

2 달걀이 한 판에 10개씩 들어 있습니다. 4판에 들어 있는 달걀은 모두 몇 개일까요?

_____

3 한 변의 길이가 13 cm인 정삼각형의 둘레는 몇 cm일까요?

_____

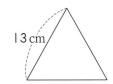
13 cm

4 학생들이 운동장에 12명씩 3줄로 서 있습니다. 학생들은 모두 몇 명일까요?

_____

5 옆집 생선 가게에서 오늘 조기 4두름이 팔렸다고 합니다. 옆집 생선 가게에서 오늘 팔린 조기는 모두 몇 마리일까요?

_____

속닥속닥

3 정삼각형은 세 변의 길이가 모두 같아요.
5 두름은 조기 묶음을 세는 단위예요. 조기 1두름은 **20마리**예요.

02 십의 자리에서 올림한 수는 백의 자리에 써

☆ **십의 자리에서 올림이 있는 (두 자리 수)×(한 자리 수)**

십의 자리 계산의 곱이 100이거나 100보다 크면 ^{1} 백 의 자리로 올림합니다.

```
      4 2
  ×     3
```
      6   … ❶ 일의 자리 계산 $2 \times 3 = 6$
  1 2 0   … ❷ 십의 자리 계산 $40 \times 3 = 120$
  1 2 6   … ❸ ❶+❷ $6 + 120 = ^2\boxed{}$

· 42×3 한 번에 계산하기

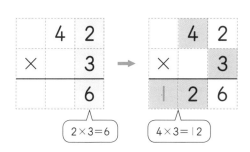

$2 \times 3 = 6$ $4 \times 3 = 12$

> 십의 자리에서 올림한 수는 백의 자리에 바로 써요.

🐾 앗 실수

· **십의 자리에서 올림이 있을 때 자주 실수하는 유형**

자릿수를 생각하지 않고 단순히 숫자끼리 곱하면 틀리기 쉬워요.
52×3의 십의 자리 계산은 $5 \times 3 = 15$가 아니라 $50 \times 3 = 150$이에요.

틀린 계산
```
    5 2
  ×   3
      6
  1 5
  2 1
```

바른 계산
```
    5 2
  ×   3
      6
  1 5 0
  1 5 6
```

> 십의 자리 계산에서 일의 자리에 '0'을 쓰면 실수를 줄일 수 있어요.

🐾 곱셈을 하세요.

1

$$\begin{array}{r} 3\ 1 \\ \times\quad 4 \\ \hline 4 \\ 1\ 2\ 0 \\ \hline \end{array}$$

$\cdots 1 \times \boxed{4} = \bigcirc$
$\cdots 30 \times \bigcirc = \bigcirc$

2

$$\begin{array}{r} 4\ 3 \\ \times\quad 3 \\ \hline \end{array}$$

3

$$\begin{array}{r} 4\ 1 \\ \times\quad 4 \\ \hline \end{array}$$

4

$$\begin{array}{r} 6\ 1 \\ \times\quad 5 \\ \hline \end{array}$$

5

$$\begin{array}{r} 5\ 2 \\ \times\quad 2 \\ \hline \end{array}$$

6

$$\begin{array}{r} 3\ 1 \\ \times\quad 6 \\ \hline \end{array}$$

7

$$\begin{array}{r} 7\ 2 \\ \times\quad 3 \\ \hline \end{array}$$

8

$$\begin{array}{r} 5\ 4 \\ \times\quad 2 \\ \hline \end{array}$$

9

$$\begin{array}{r} 6\ 2 \\ \times\quad 4 \\ \hline \end{array}$$

10

$$\begin{array}{r} 5\ 3 \\ \times\quad 3 \\ \hline \end{array}$$

11

$$\begin{array}{r} 8\ 1 \\ \times\quad 5 \\ \hline \end{array}$$

12

$$\begin{array}{r} 5\ 1 \\ \times\quad 3 \\ \hline \end{array}$$

13

$$\begin{array}{r} 7\ 3 \\ \times\quad 3 \\ \hline \end{array}$$

14

$$\begin{array}{r} 6\ 3 \\ \times\quad 2 \\ \hline \end{array}$$

15

$$\begin{array}{r} 8\ 2 \\ \times\quad 3 \\ \hline \end{array}$$

	6	2
×		2
1	2	4

이번엔 십의 자리에서 올림한 수를
백의 자리에 바로 쓰는 연습을 해 봐요.

🐾 곱셈을 하세요.

1

	4	1
×		7

2

	6	3
×		3

3

	5	2
×		4

4

	3	1
×		8

5

	2	1
×		9

6

	4	1
×		6

7

	8	1
×		6

8

	6	1
×		9

9

	7	1
×		4

10

	4	2
×		4

11

	6	1
×		7

12

	7	4
×		2

13

	5	1
×		5

14

	7	1
×		7

	5	1
×		8
4	0	8

5×8=40을 계산한 것과 같지만
실제로는 50×8=400을 나타내요.

 자릿선 모눈이 없더라도 곱의 결과를 쓸 때 정확한 위치에 쓰도록 노력해요.

🐾 곱셈을 하세요.

① 91
× 6

② 62
× 2

③ 21
× 8

④ 31
× 9

⑤ 41
× 9

⑥ 91
× 3

⑦ 71
× 8

⑧ 93
× 3

⑨ 81
× 4

⑩ 84
× 2

⑪ 72
× 4

⑫ 61
× 8

⑬ 91
× 7

⑭ 82
× 4

계산 실수를 줄이려면 정확한 자리에 답을 쓰도록 연습하는 것이 중요해요.

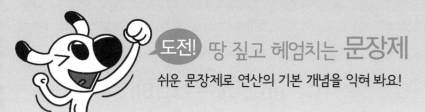

문장을 읽고 문제를 풀어 보세요.

① 한 박스에 41개씩 들어 있는 젤리가 3박스 있습니다. 젤리는 모두 몇 개일까요?

_____

② 포도가 한 상자에 21송이씩 들어 있습니다. 5상자에 들어 있는 포도는 모두 몇 송이일까요?

_____

③ 넓이가 32 cm²인 정사각형이 있습니다. 정사각형 4개를 겹치지 않게 이어 붙이면 전체 넓이는 몇 cm²일까요?

_____

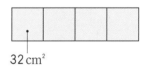

32 cm²

④ 현우는 하루에 영어 단어를 21개씩 외웠습니다. 일주일 동안 현우가 외운 영어 단어는 몇 개일까요?

_____

⑤ 미술 시간에 선생님께서 학생 52명에게 색종이를 3장씩 나누어 주셨습니다. 선생님께서 나누어 주신 색종이는 모두 몇 장일까요?

_____

자리 수)×(한 자리 수)   27

03 올림한 수는 윗자리 계산에 꼭 더해

☆ 일의 자리에서 올림이 있는 (두 자리 수)×(한 자리 수)

일의 자리 계산의 곱이 10이거나 10보다 크면 $^1\boxed{십}$의 자리로 올림합니다.

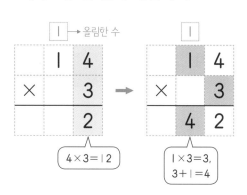

$$\begin{array}{r} 1\ 4 \\ \times\quad 3 \\ \hline 1\ 2 \\ 3\ 0 \\ \hline 4\ 2 \end{array}$$

… ❶ 일의 자리 계산 $4 \times 3 = 12$

… ❷ 십의 자리 계산 $10 \times 3 = {}^2\boxed{}$

… ❸ ❶+❷ $12 + 30 = 42$

• 14×3 한 번에 계산하기

1 → 올림한 수

$4 \times 3 = 12$

$1 \times 3 = 3,$
$3 + 1 = 4$

일의 자리에서 올림한 수를 위에 작게 써요!

$$\begin{array}{r} 14 \\ \times\quad 3 \\ \hline 42 \end{array}$$

앗! 실수

• 일의 자리에서 올림한 수를 잊지 말고 꼭 더해요.

일의 자리에서 올림한 수는 십의 자리 계산에서 잊지 말고 반드시 더해 줘야 해요.

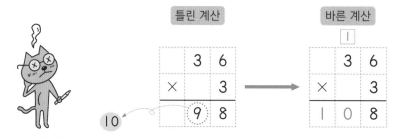

틀린 계산

$$\begin{array}{r} 3\ 6 \\ \times\quad 3 \\ \hline 9\ 8 \end{array}$$

10

바른 계산

$$\begin{array}{r} 1\quad\ \\ 3\ 6 \\ \times\quad 3 \\ \hline 1\ 0\ 8 \end{array}$$

(몇)×(몇)의 값은 첫째 줄에 쓰고, (몇십)×(몇)의 값은 둘째 줄에 써야 해요.
이때 실수를 줄이려면 둘째 줄 끝에 '0'을 먼저 쓰면 좋아요.

🐾 곱셈을 하세요.

①

```
    1 7
  ×   2
```
··· ☐ ×2=14
··· ☐ ×2=20

②

```
    1 7
  ×   4
```

③

```
    1 6
  ×   5
        0
```
일단 0부터 쓰면
실수할 일이 없어요.

④

```
    2 7
  ×   3
```

⑤

```
    2 5
  ×   2
```

⑥

```
    2 9
  ×   3
```

⑦

```
    3 5
  ×   2
```

⑧

```
    3 6
  ×   2
```

⑨

```
    3 9
  ×   2
```

⑩

```
    1 2
  ×   8
```

⑪

```
    2 3
  ×   4
```

⑫

```
    1 8
  ×   3
```

⑬

```
    4 7
  ×   2
```

⑭

```
    1 7
  ×   3
```

⑮

```
    2 4
  ×   4
```

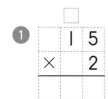

왼쪽처럼 9 × 3=27에서 7은 일의 자리에 쓰고,
올림한 수 2는 십의 자리 위에 작게 써야 해요.

🐾 곱셈을 하세요.

① □
```
    1 5
  ×   2
```

② □
```
    1 6
  ×   2
```

③ □
```
    3 8
  ×   2
```

④ □
```
    1 7
  ×   5
```

⑤ □
```
    2 9
  ×   2
```

⑥ □
```
    1 2
  ×   5
```

⑦ □
```
    2 8
  ×   3
```

⑧ □
```
    1 4
  ×   5
```

⑨ □
```
    4 5
  ×   2
```

⑩ □
```
    1 3
  ×   7
```

⑪ □
```
    4 8
  ×   2
```

⑫ □
```
    2 4
  ×   3
```

⑬ □
```
    3 7
  ×   2
```

⑭ □
```
    1 8
  ×   5
```

⑮ □
```
    1 6
  ×   6
```

올림한 수는 십의 자리 위에 작게 쓰고,
계산 결과를 자릿수에 맞추어 정확하게 쓰도록 연습해요.

🐾 곱셈을 하세요.

①   1 2
    ×   7

②   2 6
    ×   3

③   1 5
    ×   3

④   1 9
    ×   4

⑤   1 4
    ×   7

⑥   2 7
    ×   2

⑦   1 5
    ×   5

⑧   1 3
    ×   6

⑨   4 6
    ×   2

⑩   1 6
    ×   3

⑪   4 9
    ×   2

⑫   1 4
    ×   8

⑬   2 7
    ×   4

⑭   3 8
    ×   3

올림한 수는 윗자리
계산에 꼭 더해요!

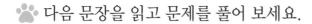
🐾 다음 문장을 읽고 문제를 풀어 보세요.

① 색종이가 25장씩 3묶음이 있습니다. 색종이는 모두 몇 장일까요?

_____

② 소극장에 관객이 앉을 수 있는 의자가 한 줄에 12개씩 8줄이 있습니다. 이 소극장의 의자는 모두 몇 개일까요?

_____

③ 남산에 있는 비둘기 집은 한 층에 4개씩 16층으로 되어 있습니다. 남산에 있는 비둘기 집은 모두 몇 개일까요?

_____

④ 윤우의 나이는 14살이고, 윤우의 아버지의 나이는 윤우의 나이의 3배입니다. 윤우의 아버지의 나이는 몇 살일까요?

_____

⑤ 텃밭에 감자가 한 줄에 18개씩 4줄로 심어져 있습니다. 텃밭에 있는 감자는 모두 몇 개일까요?

_____

숙덕숙덕

④ 14의 3배를 식으로 나타내면 14×3이에요.

☆ 올림이 2번 있는 (두 자리 수)×(한 자리 수)

```
    2 6
  ×   8
    4 8   … ❶ 일의 자리 계산   6 ×8=48
  1 6 0   … ❷ 십의 자리 계산   2 0×8=160
  2 0 8   … ❸ ❶+❷        48+¹[    ]=²[    ]
```

• 26×8 한 번에 계산하기

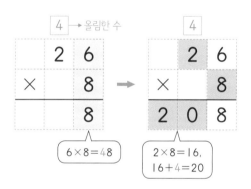

```
  4 →올림한 수          4
    2 6              2 6
  ×   8     →     ×    8
      8           2 0 8
```

6×8=48   2×8=16,
                16+4=20

올림한 수를 더하는
과정에서 받아올림이
있으니 주의해요.

🍯 바빠 꿀팁!

• 계산이 힘든 친구들을 위한 꿀팁!

올림한 수를 더하는 과정에 받아올림이 있으면 실수하기 쉬워요.
계산 중간에 살짝 써 두고 더해 봐요.

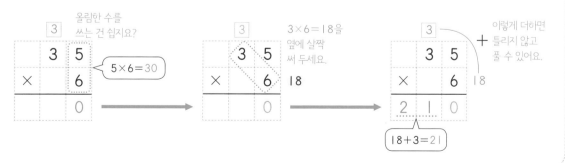

```
  3  올림한 수를              3  3×6=18을           3  이렇게 더하면
     쓰는 건 쉽지요?            옆에 살짝              + 틀리지 않고
  3 5                    3̶ 5   써 두세요.          3 5   풀 수 있어요.
× ₆̣    5×6=30          ×   6   18              ×   6  18
    0                      0                   2 1 0
```

18+3=21

 일의 자리를 계산한 값과 십의 자리를 계산한 값을 두 줄로 나누어 쓸 때
십의 자리 계산에서 일의 자리에 0을 써서 실수를 줄여 봐요.

🐾 곱셈을 하세요.

①
```
    3 3
  ×   5
```
… ◯ ×5=15
… ◯ ×5=150

②
```
    2 4
  ×   6
```

③
```
    2 5
  ×   5
```

④
```
    5 4
  ×   4
```

⑤
```
    2 3
  ×   5
```

⑥
```
    3 3
  ×   6
```

⑦
```
    3 4
  ×   5
```

⑧
```
    3 7
  ×   4
```

⑨
```
    3 5
  ×   5
```

⑩
```
    4 3
  ×   4
```

⑪
```
    4 7
  ×   7
```

⑫
```
    6 5
  ×   2
```

⑬
```
    5 2
  ×   5
```

⑭
```
    5 5
  ×   4
```

⑮
```
    5 6
  ×   3
```

		1	
		2	3
×			6
	1	3	8

🐾 곱셈을 하세요.

1
```
    2 6
×     6
```

2
```
    2 8
×     5
```

3
```
    2 7
×     7
```

4
```
    3 2
×     9
```

5
```
    3 3
×     4
```

6
```
    5 4
×     3
```

7
```
    2 9
×     6
```

8
```
    3 8
×     7
```

9
```
    2 8
×     7
```

10
```
    4 4
×     4
```

11
```
    4 5
×     3
```

12
```
    4 8
×     4
```

13
```
    5 2
×     7
```

14
```
    3 5
×     6
```

15
```
    3 7
×     6
```

🐾 곱셈을 하세요.

①
```
  4 3
×   8
```

②
```
  3 9
×   5
```

③
```
  5 5
×   3
```

④
```
  2 2
×   9
```

⑤
```
  3 3
×   9
```

⑥
```
  5 7
×   4
```

⑦
```
  6 4
×   4
```

⑧
```
  3 5
×   4
```

⑨
```
  4 6
×   5
```

⑩
```
  2 5
×   8
```

⑪
```
  3 6
×   7
```

⑫
```
  2 9
×   8
```

⑬
```
  4 5
×   7
```

⑭
```
  3 9
×   8
```

올림한 수를 작게 쓰는
습관이 계산을 더 정확하게
해 준다는 것을 기억해요.

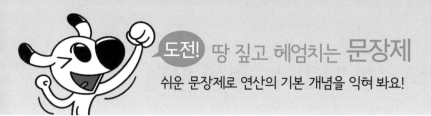
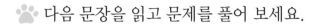 다음 문장을 읽고 문제를 풀어 보세요.

1 가장 큰 수와 가장 작은 수의 곱을 구하세요.

| 17 | 38 | 39 | 7 | 8 | 9 |

_____

2 두 계산 결과를 비교하여 ◯ 안에 >, =, <를 알맞게 써넣으세요.

36×4   ◯   27×6

3 상자 안에 25개씩 6줄의 초콜릿이 들어 있습니다. 상자 안에 들어 있는 초콜릿은 모두 몇 개일까요?

_____

4 한 변의 길이가 28 cm인 정사각형 모양의 도화지를 아래의 그림과 같이 겹치지 않게 이어 붙였습니다. 굵은 선의 길이는 몇 cm일까요?

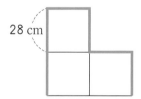

28 cm

_____

4 정사각형은 네 변의 길이가 모두 같아요.

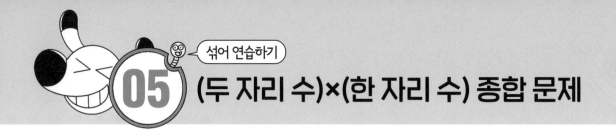

 곱셈을 하세요.

①   20
  × 6

②   12
  × 4

③   21
  × 5

④   53
  × 3

⑤   61
  × 3

⑥   50
  × 2

⑦   63
  × 2

⑧   84
  × 2

⑨   13
  × 7

⑩   24
  × 4

⑪   25
  × 3

⑫   27
  × 5

🐾 곱셈을 하세요.

① 36
  × 2

② 61
  × 2

③ 42
  × 4

④ 28
  × 3

⑤ 47
  × 5

⑥ 18
  × 4

⑦ 91
  × 3

⑧ 71
  × 8

⑨ 55
  × 2

⑩ 13
  × 9

⑪ 82
  × 5

⑫ 39
  × 4

보기 와 같이 연속해서 곱셈을 하세요.

> 보기
>
> $2 \times 2 = \boxed{4}$ ➡ $\boxed{4} \times 2 = \boxed{8}$ ➡ $\boxed{8} \times 2 = \boxed{16}$ ➡ $\boxed{16} \times 2 = \boxed{32}$

1 $3 \times 2 = \boxed{}$ ➡ $\boxed{} \times 2 = \boxed{}$ ➡ $\boxed{} \times 2 = \boxed{}$ ➡ $\boxed{} \times 2 = \boxed{}$

2 $4 \times 2 = \boxed{}$ ➡ $\boxed{} \times 2 = \boxed{}$ ➡ $\boxed{} \times 2 = \boxed{}$ ➡ $\boxed{} \times 2 = \boxed{}$

3 $5 \times 2 = \boxed{}$ ➡ $\boxed{} \times 2 = \boxed{}$ ➡ $\boxed{} \times 2 = \boxed{}$ ➡ $\boxed{} \times 2 = \boxed{}$

4 $6 \times 2 = \boxed{}$ ➡ $\boxed{} \times 2 = \boxed{}$ ➡ $\boxed{} \times 2 = \boxed{}$ ➡ $\boxed{} \times 2 = \boxed{}$

5 $7 \times 2 = \boxed{}$ ➡ $\boxed{} \times 2 = \boxed{}$ ➡ $\boxed{} \times 2 = \boxed{}$ ➡ $\boxed{} \times 2 = \boxed{}$

6 $8 \times 2 = \boxed{}$ ➡ $\boxed{} \times 2 = \boxed{}$ ➡ $\boxed{} \times 2 = \boxed{}$ ➡ $\boxed{} \times 2 = \boxed{}$

7 $9 \times 2 = \boxed{}$ ➡ $\boxed{} \times 2 = \boxed{}$ ➡ $\boxed{} \times 2 = \boxed{}$ ➡ $\boxed{} \times 2 = \boxed{}$

🐾 곱셈의 계산 결과가 바른 것을 따라 선을 이어 보세요.

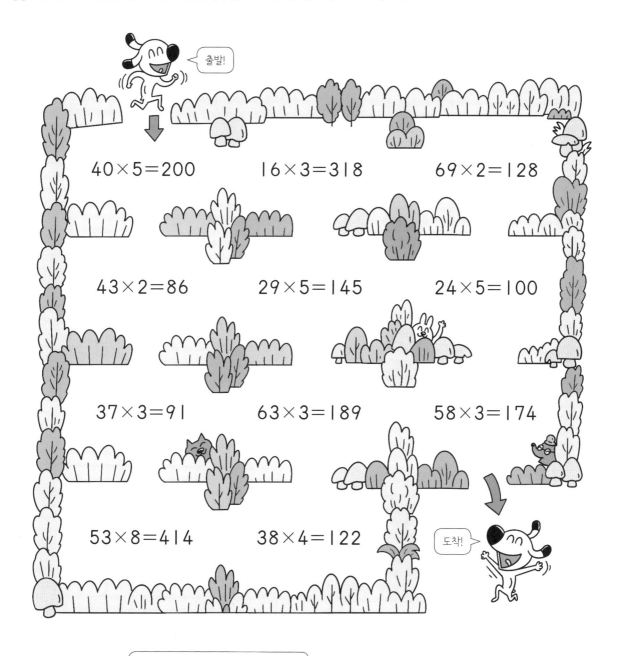

출발!

$40 \times 5 = 200$ $16 \times 3 = 318$ $69 \times 2 = 128$

$43 \times 2 = 86$ $29 \times 5 = 145$ $24 \times 5 = 100$

$37 \times 3 = 91$ $63 \times 3 = 189$ $58 \times 3 = 174$

$53 \times 8 = 414$ $38 \times 4 = 122$

도착!

곱셈 기초 훈련 끝!
첫째 마당의 (두 자리 수)×(한 자리 수)는
곱셈 계산의 가장 기초가 되는 훈련이에요.
만약 틀린 문제가 있다면 익숙해질 때까지
연습하고 넘어가세요!

엄청나게 큰 숫자를 부르는 말, 구골!

구골(googol)은 1 뒤에 0이 100개나 붙는 어마어마하게 큰 숫자를
일컫는 단어예요.

그렇다면 구골(googol)은 세계적인 검색 사이트인
구글(Google)과 무슨 관계가 있을까요? 구글은 회
사 이름을 지을 때 인터넷의 수많은 사이트를 모두 다 검색하겠다는
목표를 가지고 있어서 회사 이름을 구골이라고 하려고 했어요. 그런
데 투자가를 찾아갈 때 그만 오타를 내는 바람에 구글로 썼다고 해요.
그게 계기가 되어서 회사 이름이 '구글'이 되었답니다. 비록 이름은
오타가 났지만 구글은 애초에 의도했던 이름대로 셀 수도 없이 많은
사람이 사용하는 검색 사이트가 되었어요.

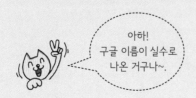

아하!
구글 이름이 실수로
나온 거구나~.

둘째 마당

(세 자리 수)×(한 자리 수)

첫째 마당에서 연습한 (두 자리 수)×(한 자리 수)에서 곱하는 수가 한 자리 더 늘어났을 뿐 계산 원리는 똑같아요. 올림이 세 번 있는 곱셈까지 나오지만 올림한 수를 윗자리 계산에 더해 주는 것만 기억하면 돼요! 파이팅!

	공부할 내용!	완료	10일 진도	20일 진도
06	일, 십, 백의 자리를 각각 곱하고 더해!	☐		4일차
07	올림한 수는 한 자리 위로!	☐	2일차	
08	주의! 올림이 여러 번 있는 (세 자리 수)×(한 자리 수)	☐		5일차
09	(세 자리 수)×(한 자리 수) 종합 문제	☐	3일차	6일차

일, 십, 백의 자리를 각각 곱하고 더해!

☆ 올림이 없는 (세 자리 수)×(한 자리 수)

곱하는 수 2를
일 ➡ 십 ➡ 백의 자리
순으로 곱하면 돼요.

		1	2	3
×				2
				6	··· ❶ 일의 자리 계산 $\boxed{3}×2=6$
			4	0	··· ❷ 십의 자리 계산 $\boxed{2}0×2=40$
		2	0	0	··· ❸ $^1\boxed{}$의 자리 계산 $\boxed{1}00×2=^2\boxed{}$
		2	4	6	··· ❹ ❶+❷+❸ $6+40+200=246$

• 123×2 한 번에 계산하기

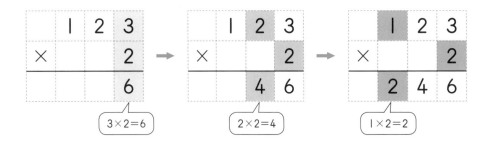

$3×2=6$ $2×2=4$ $1×2=2$

앗! 실수

• 십의 자리에 0이 있는 경우

203×2와 같이 일의 자리에서 올림한 수가 없고, 곱해지는 수의 십의 자리 숫자가 0이면 곱의 십의 자리에 반드시 0을 써 줘야 해요. 만약 0을 쓰지 않으면 계산 결과가 틀려져요.

틀린 계산   바른 계산

🐾 곱셈을 하세요.

1
```
    1 1 3
  ×     2
```
··· ☐ × 2 = ☐
··· ☐ × 2 = ☐
··· ☐ × 2 = ☐

2
```
    1 3 3
  ×     3
```

3
```
    2 1 4
  ×     2
```

4
```
    3 1 3
  ×     2
```

5
```
    2 1 1
  ×     2
```

6
```
    4 2 3
  ×     2
```

7
```
    2 0 1
  ×     2
```

8
```
    4 4 0
  ×     2
```

9
```
    1 4 1
  ×     2
```

10
```
    3 2 1
  ×     3
```

11
```
    3 0 3
  ×     3
```

12
```
    4 1 4
  ×     2
```

🐾 곱셈을 하세요.

1
$$\begin{array}{r} 1\ 2\ 1 \\ \times\qquad 2 \\ \hline \end{array}$$

2
$$\begin{array}{r} 1\ 1\ 2 \\ \times\qquad 4 \\ \hline \end{array}$$

3
$$\begin{array}{r} 1\ 3\ 2 \\ \times\qquad 2 \\ \hline \end{array}$$

4
$$\begin{array}{r} 2\ 1\ 1 \\ \times\qquad 3 \\ \hline \end{array}$$

5
$$\begin{array}{r} 2\ 2\ 2 \\ \times\qquad 3 \\ \hline \end{array}$$

6
$$\begin{array}{r} 2\ 2\ 1 \\ \times\qquad 4 \\ \hline \end{array}$$

7
$$\begin{array}{r} 3\ 1\ 2 \\ \times\qquad 2 \\ \hline \end{array}$$

8
$$\begin{array}{r} 3\ 1\ 3 \\ \times\qquad 3 \\ \hline \end{array}$$

9
$$\begin{array}{r} 3\ 3\ 1 \\ \times\qquad 3 \\ \hline \end{array}$$

10
$$\begin{array}{r} 1\ 4\ 2 \\ \times\qquad 2 \\ \hline \end{array}$$

11
$$\begin{array}{r} 4\ 2\ 0 \\ \times\qquad 2 \\ \hline \end{array}$$

12
$$\begin{array}{r} 1\ 0\ 3 \\ \times\qquad 2 \\ \hline \end{array}$$

13
$$\begin{array}{r} 3\ 0\ 4 \\ \times\qquad 2 \\ \hline \end{array}$$

14
$$\begin{array}{r} 3\ 3\ 3 \\ \times\qquad 2 \\ \hline \end{array}$$

일의 자리부터
차례로 곱하면
OK!

 지금은 백의 자리부터 계산해도 되지만, 다음에 배울 올림이 있는 곱셈을 생각해서
일의 자리부터 계산하는 습관을 기르는 게 좋아요.

🐾 곱셈을 하세요.

① 314
× 2

② 233
× 3

③ 322
× 2

④ 104
× 2

⑤ 323
× 3

⑥ 442
× 2

⑦ 234
× 2

⑧ 103
× 3

⑨ 400
× 2

⑩ 410
× 2

⑪ 444
× 2

⑫ 343
× 2

⑬ 332
× 3

⑭ 210
× 4

올림이 없는
(세 자리 수)×(한 자리 수)는
별 거 아니죠? 아주 잘했어요!

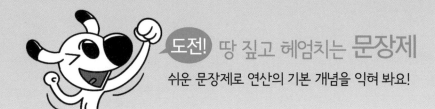
🐾 다음 문장을 읽고 문제를 풀어 보세요.

① 한 시간에 310 km를 달리는 KTX가 3시간 동안 달린다면 몇 km를 이동하게 될까요?

_____

② 라면 한 개의 칼로리가 430 kcal라면 라면 2개의 칼로리는 몇 kcal일까요?

_____

③ 운동장 한 바퀴는 312 m입니다. 민수가 운동장을 세 바퀴 달렸다면 민수가 달린 거리는 모두 몇 m일까요?

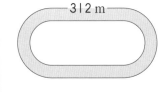

_____

④ 지은이는 일주일 동안 240 mL짜리 바나나 우유 2개와 200 mL짜리 딸기 우유 4개를 마셨습니다. 지은이가 일주일 동안 마신 우유는 모두 몇 mL일까요?

240 mL　　200 mL

_____

07 올림한 수는 한 자리 위로!

☆ 일의 자리에서 올림이 있는 (세 자리 수)×(한 자리 수)

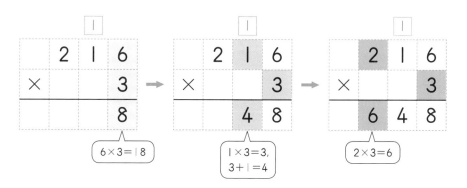

일의 자리에서 올림한 수는 십의 자리로!

| 백 | 십 | 일 |

☆ 십의 자리에서 올림이 있는 (세 자리 수)×(한 자리 수)

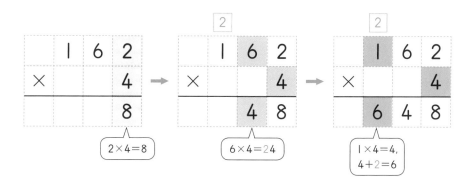

십의 자리에서 올림한 수는 백의 자리로!

| 백 | 십 | 일 |

☆ 백의 자리에서 올림이 있는 (세 자리 수)×(한 자리 수)

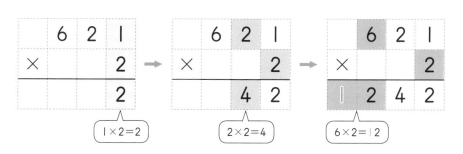

백의 자리에서 올림한 수는 천의 자리에 바로 써요.

| 천 | 백 | 십 | 일 |

🐾 곱셈을 하세요.

①

	1	2	5
×			2

… ☐×2=☐
… ☐×2=☐
… ☐×2=☐

②

	2	2	6
×			2

③

	2	4	8
×			2

④

	1	2	7
×			3

⑤

	2	1	3
×			4

⑥

	3	2	5
×			3

⑦

	3	1	8
×			3

⑧

	1	1	9
×			4

⑨

	2	1	5
×			3

⑩

	4	4	8
×			2

⑪

	4	2	9
×			2

⑫

	4	3	5
×			2

⑬

	3	3	8
×			2

⑭

	2	1	9
×			4

⑮

	1	1	6
×			5

	2		
	1	7	1
×			3
	5	1	3

십의 자리에서 올림한 수는 백의 자리 위에 써야 해요.

🐾 곱셈을 하세요.

1

	1	5	3
×			2

··· ☐ × 2 = ☐
··· ☐ × 2 = ☐
··· ☐ × 2 = ☐

2

	1	7	2
×			3

3

	2	5	1
×			2

4

	3	7	2
×			2

5

	1	8	3
×			3

6

	4	6	1
×			2

7

	1	6	3
×			3

8

	2	5	2
×			3

9

	2	4	1
×			3

10

	2	7	2
×			3

11

	3	8	1
×			2

12

	4	5	3
×			2

13

	1	5	2
×			4

14

	2	6	2
×			3

15

	2	4	1
×			4

백의 자리에서 올림한 수는 천의 자리에 바로 쓰면 돼요.

🐾 곱셈을 하세요.

①
```
    5 1 2
×       2
```

②
```
    6 2 3
×       3
```

③
```
    7 1 4
×       2
```

④
```
    4 1 1
×       4
```

⑤
```
    5 1 0
×       5
```

⑥
```
    8 2 2
×       3
```

⑦
```
    5 0 3
×       3
```

⑧
```
    3 1 1
×       6
```

⑨
```
    7 3 4
×       2
```

⑩
```
    4 0 1
×       7
```

⑪
```
    9 3 0
×       2
```

⑫
```
    6 1 3
×       2
```

⑬
```
    7 1 0
×       4
```

⑭
```
    5 1 3
×       3
```

⑮
```
    4 2 0
×       4
```

$$\begin{array}{r} 109 \\ \times \quad 5 \\ \hline 5045 \end{array}$$

$$\rightarrow$$

$$\begin{array}{r} 109 \\ \times \quad 5 \\ \hline 545 \end{array}$$

일의 자리에서 올림이 있고 곱해지는 수의 십의 자리 수가 0인 경우에는 올림한 수를 십의 자리에 그대로 써 주면 돼요.

🐾 곱셈을 하세요.

① $\begin{array}{r} 315 \\ \times \quad 3 \\ \hline \end{array}$ ② $\begin{array}{r} 621 \\ \times \quad 4 \\ \hline \end{array}$ ③ $\begin{array}{r} 209 \\ \times \quad 3 \\ \hline \end{array}$

④ $\begin{array}{r} 164 \\ \times \quad 2 \\ \hline \end{array}$ ⑤ $\begin{array}{r} 173 \\ \times \quad 3 \\ \hline \end{array}$ ⑥ $\begin{array}{r} 232 \\ \times \quad 4 \\ \hline \end{array}$

⑦ $\begin{array}{r} 129 \\ \times \quad 3 \\ \hline \end{array}$ ⑧ $\begin{array}{r} 511 \\ \times \quad 7 \\ \hline \end{array}$ ⑨ $\begin{array}{r} 447 \\ \times \quad 2 \\ \hline \end{array}$

⑩ $\begin{array}{r} 394 \\ \times \quad 2 \\ \hline \end{array}$ ⑪ $\begin{array}{r} 242 \\ \times \quad 4 \\ \hline \end{array}$ ⑫ $\begin{array}{r} 108 \\ \times \quad 9 \\ \hline \end{array}$

⑬ $\begin{array}{r} 116 \\ \times \quad 6 \\ \hline \end{array}$ ⑭ $\begin{array}{r} 471 \\ \times \quad 2 \\ \hline \end{array}$

어느 자리에서 올림이 있는지 확인하면서 풀어 봐요!

🐾 다음 문장을 읽고 문제를 풀어 보세요.

1 지후는 하루에 150원씩 저금합니다. 지후가 5일 동안 저금한 돈은 모두 얼마일까요?

                  _____

2 민수 동생은 일주일 동안 책을 115쪽 읽었습니다. 같은 기간 민수는 동생이 읽은 양의 5배를 읽었다면 민수가 읽은 동화책은 모두 몇 쪽일까요?

                  _____

3 서울에서 대전까지의 거리는 약 161 km입니다. 서울에서 대전까지 왕복을 했을 때, 이동한 거리는 모두 몇 km일까요?

                  _____

서울
161 km
대전

4 길이가 142 cm인 빨간색 색 테이프가 있습니다. 색 테이프 4개를 겹치지 않게 이어 붙인다면 색 테이프 전체의 길이는 몇 cm일까요?

                  _____

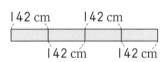

142 cm   142 cm

142 cm   142 cm

속닥속닥

3 왕복을 했다는 것은 서울에서 대전까지 갔다가 다시 서울로 돌아왔다는 뜻이므로 식으로 나타내면 161×2예요.

주의! 올림이 여러 번 있는 (세 자리 수)×(한 자리 수)

☆ **올림이 여러 번 있는 (세 자리 수)×(한 자리 수)**

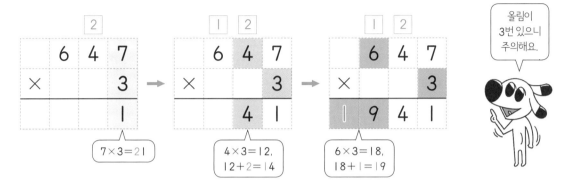

올림이 3번 있으니 주의해요.

• 올림한 수와의 합이 10인 계산

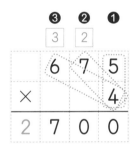

❶ 5×4=20이므로 일의 자리에 0을 쓰고 2를 십의 자리로 올림합니다.
❷ 7×4=28에 일의 자리에서 올림한 2를 더하면 30이므로 십의 자리에 0을 쓰고 3을 백의 자리로 올림합니다.
❸ 6×4=24에 십의 자리에서 올림한 3을 더하면 27이므로 백의 자리에 7을 쓰고 천의 자리에 2를 씁니다.

앗! 실수

• **십의 자리에 0이 있는 경우**

406×5=2030과 같이 곱이 몇천 몇십일 때 0을 하나 빠뜨려서 몇백 몇십으로 쓰지 않도록 주의해요.

틀린 계산　　　　바른 계산

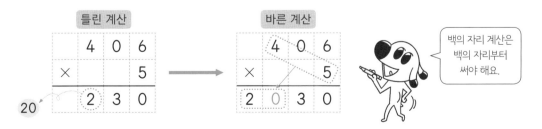

백의 자리 계산은 백의 자리부터 써야 해요.

🐾 곱셈을 하세요.

①
```
    1 7 6
×       3
```
···□×3=□
···□×3=□
···□×3=□

②
```
    2 4 6
×       4
```

③
```
    3 5 6
×       3
```

④
```
    3 6 7
×       2
```

⑤
```
    4 7 5
×       3
```

⑥
```
    5 8 7
×       2
```

⑦
```
    1 6 3
×       4
```

⑧
```
    1 3 7
×       7
```

⑨
```
    2 6 4
×       3
```

⑩
```
    2 5 8
×       3
```

⑪
```
    3 3 8
×       4
```

⑫
```
    4 5 3
×       5
```

⑬
```
    3 4 9
×       4
```

⑭
```
    6 7 5
×       2
```

⑮
```
    5 3 8
×       4
```

$$\begin{array}{r} 805 \\ \times \quad 4 \\ \hline 20 \end{array} \Rightarrow \begin{array}{r} 805 \\ \times \quad 4 \\ \hline 3220 \end{array}$$

십의 자리에 0이 있을 때 백의 자리 계산은
백의 자리부터 써야 해요.

🐾 곱셈을 하세요.

① $\begin{array}{r} 166 \\ \times \quad 4 \\ \hline \end{array}$

② $\begin{array}{r} 153 \\ \times \quad 7 \\ \hline \end{array}$

③ $\begin{array}{r} 245 \\ \times \quad 6 \\ \hline \end{array}$

④ $\begin{array}{r} 276 \\ \times \quad 3 \\ \hline \end{array}$

⑤ $\begin{array}{r} 185 \\ \times \quad 3 \\ \hline \end{array}$

⑥ $\begin{array}{r} 506 \\ \times \quad 5 \\ \hline \end{array}$

⑦ $\begin{array}{r} 459 \\ \times \quad 3 \\ \hline \end{array}$

⑧ $\begin{array}{r} 557 \\ \times \quad 3 \\ \hline \end{array}$

⑨ $\begin{array}{r} 485 \\ \times \quad 3 \\ \hline \end{array}$

⑩ $\begin{array}{r} 293 \\ \times \quad 6 \\ \hline \end{array}$

⑪ $\begin{array}{r} 236 \\ \times \quad 4 \\ \hline \end{array}$

⑫ $\begin{array}{r} 625 \\ \times \quad 6 \\ \hline \end{array}$

⑬ $\begin{array}{r} 354 \\ \times \quad 5 \\ \hline \end{array}$

⑭ $\begin{array}{r} 209 \\ \times \quad 5 \\ \hline \end{array}$

⑮ $\begin{array}{r} 736 \\ \times \quad 4 \\ \hline \end{array}$

🐾 곱셈을 하세요.

①
```
  3 4 5
×     5
```

②
```
  2 4 3
×     5
```

③
```
  5 4 3
×     4
```

④
```
  4 3 2
×     6
```

⑤
```
  2 9 5
×     3
```

⑥
```
  3 6 2
×     8
```

⑦
```
  3 0 8
×     5
```

⑧
```
  8 4 5
×     2
```

⑨
```
  7 6 8
×     2
```

⑩
```
  8 7 4
×     4
```

⑪
```
  4 9 2
×     5
```

⑫
```
  2 8 2
×     7
```

⑬
```
  3 7 4
×     6
```

⑭
```
  2 2 5
×     8
```

⑮
```
  4 3 6
×     3
```

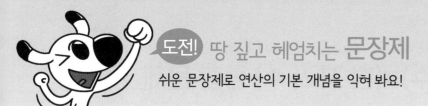
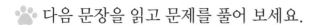 다음 문장을 읽고 문제를 풀어 보세요.

1 1년은 365일입니다. 5년은 며칠일까요?

_____

2 어느 공장에서는 하루에 164개씩 곰 인형을 만든다고 합니다. 일주일 동안 만든 곰 인형은 몇 개일까요?

_____

3 지후네 아파트는 한 동이 30층이고, 각 층마다 8가구가 삽니다. 아파트 단지에 7개 동이 있다면 모두 몇 가구일까요?

_____

4 경미네 집에서 슈퍼까지의 거리는 126 m입니다. 어머니의 심부름으로 3번 왕복했다면 경미가 이동한 거리는 모두 몇 m일까요?

_____

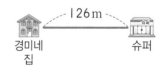

숙닥숙닥

4 왕복했다는 것은 경미네 집에서 슈퍼를 갔다가 슈퍼에서 다시 경미네 집으로 돌아왔다는 뜻이므로 경미가 이동한 거리는 126 m의 6배예요.

(세 자리 수)×(한 자리 수) 종합 문제

🐾 곱셈을 하세요.

①
$$\begin{array}{r} 111 \\ \times \quad 3 \\ \hline \end{array}$$

②
$$\begin{array}{r} 231 \\ \times \quad 3 \\ \hline \end{array}$$

③
$$\begin{array}{r} 112 \\ \times \quad 6 \\ \hline \end{array}$$

④
$$\begin{array}{r} 165 \\ \times \quad 2 \\ \hline \end{array}$$

⑤
$$\begin{array}{r} 141 \\ \times \quad 9 \\ \hline \end{array}$$

⑥
$$\begin{array}{r} 201 \\ \times \quad 7 \\ \hline \end{array}$$

⑦
$$\begin{array}{r} 252 \\ \times \quad 2 \\ \hline \end{array}$$

⑧
$$\begin{array}{r} 612 \\ \times \quad 3 \\ \hline \end{array}$$

⑨
$$\begin{array}{r} 432 \\ \times \quad 2 \\ \hline \end{array}$$

⑩
$$\begin{array}{r} 280 \\ \times \quad 4 \\ \hline \end{array}$$

⑪
$$\begin{array}{r} 113 \\ \times \quad 7 \\ \hline \end{array}$$

⑫
$$\begin{array}{r} 175 \\ \times \quad 3 \\ \hline \end{array}$$

곱셈을 하세요.

1
$\begin{array}{r} 320 \\ \times5 \\ \hline \end{array}$

2
$\begin{array}{r} 223 \\ \times3 \\ \hline \end{array}$

3
$\begin{array}{r} 542 \\ \times2 \\ \hline \end{array}$

4
$\begin{array}{r} 511 \\ \times9 \\ \hline \end{array}$

5
$\begin{array}{r} 384 \\ \times2 \\ \hline \end{array}$

6
$\begin{array}{r} 126 \\ \times7 \\ \hline \end{array}$

7
$\begin{array}{r} 314 \\ \times6 \\ \hline \end{array}$

8
$\begin{array}{r} 532 \\ \times6 \\ \hline \end{array}$

9
$\begin{array}{r} 555 \\ \times2 \\ \hline \end{array}$

10
$\begin{array}{r} 403 \\ \times4 \\ \hline \end{array}$

11
$\begin{array}{r} 231 \\ \times6 \\ \hline \end{array}$

12
$\begin{array}{r} 627 \\ \times3 \\ \hline \end{array}$

섞어서
연습해요!

🐾 곱셈을 하세요.

① 215
× 2

② 339
× 2

③ 283
× 3

④ 261
× 4

⑤ 116
× 7

⑥ 109
× 6

⑦ 322
× 4

⑧ 534
× 2

⑨ 238
× 5

⑩ 505
× 8

⑪ 384
× 3

⑫ 843
× 7

🐾 **보기** 와 같이 연속해서 곱셈을 하세요.

> **보기**
>
> $5 \times 4 = \boxed{20}$ ➡ $\boxed{20} \times 4 = \boxed{80}$ ➡ $\boxed{80} \times 4 = \boxed{320}$ ➡ $\boxed{320} \times 4 = \boxed{1280}$

① $4 \times 3 = \boxed{}$ ➡ $\boxed{} \times 3 = \boxed{}$ ➡ $\boxed{} \times 3 = \boxed{}$ ➡ $\boxed{} \times 3 = \boxed{}$

② $5 \times 3 = \boxed{}$ ➡ $\boxed{} \times 3 = \boxed{}$ ➡ $\boxed{} \times 3 = \boxed{}$ ➡ $\boxed{} \times 3 = \boxed{}$

③ $7 \times 3 = \boxed{}$ ➡ $\boxed{} \times 3 = \boxed{}$ ➡ $\boxed{} \times 3 = \boxed{}$ ➡ $\boxed{} \times 3 = \boxed{}$

④ $4 \times 5 = \boxed{}$ ➡ $\boxed{} \times 5 = \boxed{}$ ➡ $\boxed{} \times 5 = \boxed{}$ ➡ $\boxed{} \times 5 = \boxed{}$

⑤ $6 \times 5 = \boxed{}$ ➡ $\boxed{} \times 5 = \boxed{}$ ➡ $\boxed{} \times 5 = \boxed{}$ ➡ $\boxed{} \times 5 = \boxed{}$

⑥ $5 \times 5 = \boxed{}$ ➡ $\boxed{} \times 5 = \boxed{}$ ➡ $\boxed{} \times 5 = \boxed{}$ ➡ $\boxed{} \times 5 = \boxed{}$

⑦ $11 \times 4 = \boxed{}$ ➡ $\boxed{} \times 4 = \boxed{}$ ➡ $\boxed{} \times 4 = \boxed{}$ ➡ $\boxed{} \times 4 = \boxed{}$

섞어서
연습해요!

가로 열쇠와 세로 열쇠를 풀어 빈칸에 알맞은 수를 써넣으세요.

올림에 주의하며 풀어 봐요!

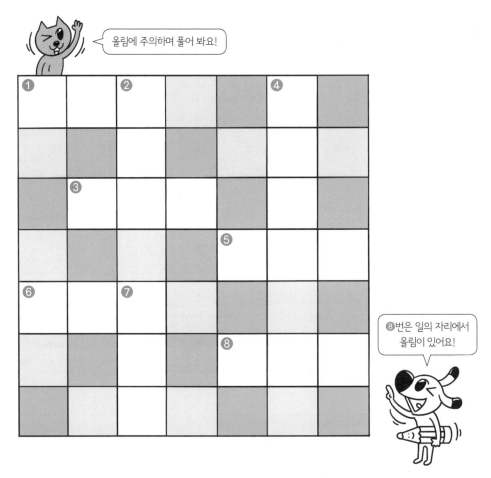

⑧번은 일의 자리에서
올림이 있어요!

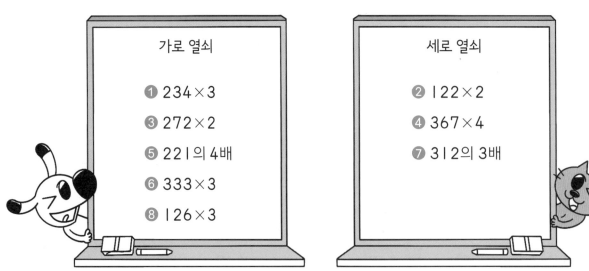

가로 열쇠

❶ 234×3

❸ 272×2

❺ 221의 4배

❻ 333×3

❽ 126×3

세로 열쇠

❷ 122×2

❹ 367×4

❼ 312의 3배

셋째 마당

(두 자리 수)×(두 자리 수)

곱셈에서 가장 많이 훈련해야 하는 단원이 (두 자리 수)×(두 자리 수)예요. 많은 친구들이 어려워하는 단원이지만 곱하는 수를 몇십과 몇으로 나누어 계산하는 원리를 먼저 이해하고, 충분히 연습한다면 자신감을 키울 수 있을 거예요. 이제 집중해서 연습해 볼까요?

	공부할 내용!	완료	10일 진도	20일 진도
10	(몇십)×(몇십)은 (몇)×(몇) 뒤에 0을 2개 붙여!	☐	4일차	7일차
11	몇십을 곱하면 뒤에 0을 1개 붙여!	☐		
12	일의 자리와 십의 자리 수로 나누어 곱하자	☐	5일차	8일차
13	일의 자리 곱의 올림을 작게 표시하며 풀자	☐		9일차
14	십의 자리 곱의 올림을 작게 표시하며 풀자	☐	6일차	10일차
15	주의! 올림이 여러 번 있는 (두 자리 수)×(두 자리 수)	☐		11일차
16	(두 자리 수)×(두 자리 수) 종합 문제	☐	7일차	12일차

☆ (몇십)×(몇십)

(몇)×(몇)을 계산한 값에 0을 ¹□개 붙입니다.

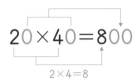

$$20 \times 40 = 800$$

$2 \times 4 = 8$

먼저 0을 2개 써 줘요.

2×4를 계산한 값에 0을 2개 붙이면 돼요!

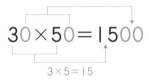

$$30 \times 50 = 1500$$

$3 \times 5 = 15$

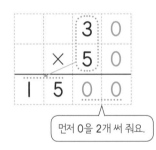

먼저 0을 2개 써 줘요.

바빠 꿀팁!

• **(몇)×(몇)만 보고 계산 결과의 자릿수를 알 수 있어요.**

30×20의 3×2=6처럼 곱에 올림이 없으면 세 자리 수이고,
30×60의 3×6=18처럼 곱에 올림이 있으면 네 자리 수예요.
이처럼 (몇십)×(몇십)은 올림이 있는지 없는지에 따라 자릿수가 늘어나요.

$20 \times 40 = $ □□□ $30 \times 50 = $ □□□□
세 자리 수   네 자리 수

• **(몇)×(몇)을 계산한 값에 0이 생길 수도 있어요.**

40×50의 4×5=20처럼 곱에 0이 있는 경우 0을 하나 빠뜨리지 않도록 해야 해요.

0이 2개
$$40 \times 50 = 2000$$
0이 1개

0이 2개
$$50 \times 60 = 3000$$
0이 1개

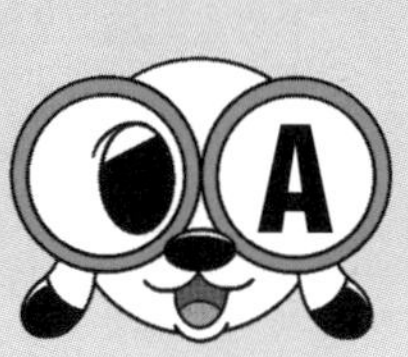

(몇)×(몇)을 계산한 다음 뒤에 0을 2개 붙이면 돼요.

10×20=200　　20×70=1400

곱셈을 하세요.

① 20×30=□00 (2×3)

② 10×50=

③ 30×20=

④ 20×10=

⑤ 20×20=

⑥ 30×10=

⑦ 30×40=□00

⑧ 50×30=

⑨ 40×30=

⑩ 40×40=

⑪ 60×20=

⑫ 80×20=

⑬ 50×50=

⑭ 20×80=

⑮ 30×60=

 문제가 좀 쉽죠? 지금은 계산보다 자릿수를 관찰하며 문제를 푸는 게 중요해요.

곱셈을 하세요.

1
```
    5 0
  × 1 0
    0 0
```
먼저 0부터 쓰고
계산하면 쉬워요.

2
```
    6 0
  × 1 0
```

3
```
    7 0
  × 1 0
```

4
```
    1 0
  × 4 0
```

5
```
    1 0
  × 3 0
```

6
```
    2 0
  × 5 0
```

7
```
    2 0
  × 6 0
```

8
```
    2 0
  × 9 0
```

9
```
    3 0
  × 7 0
```

10
```
    7 0
  × 2 0
```

11
```
    4 0
  × 5 0
```

12
```
    7 0
  × 3 0
```

13
```
    6 0
  × 7 0
```

14
```
    5 0
  × 7 0
```

15
```
    8 0
  × 5 0
```

🐾 곱셈을 하세요.

① 　　3 0
　　×3 0

② 　　1 0
　　×7 0

③ 　　4 0
　　×6 0

④ 　　1 0
　　×9 0

⑤ 　　2 0
　　×7 0

⑥ 　　4 0
　　×2 0

⑦ 　　9 0
　　×2 0

⑧ 　　3 0
　　×8 0

⑨ 　　4 0
　　×7 0

⑩ 　　6 0
　　×5 0

⑪ 　　3 0
　　×9 0

⑫ 　　5 0
　　×8 0

⑬ 　　8 0
　　×4 0

⑭ 　　8 0
　　×8 0

(몇십)×(몇십)은
일단 뒤에 0부터 2개
붙이고 시작해요!

🐾 다음 문장을 읽고 문제를 풀어 보세요.

1 1분은 60초입니다. 60분은 몇 초일까요?

_____

2 민석이는 운동장에 있는 50 m 길이의 트랙을 20번 달렸습니다. 민석이가 달린 길이는 모두 몇 m일까요?

_____

3 곶감 한 상자에는 30개의 곶감이 들어 있습니다. 50개의 상자에 들어 있는 곶감은 모두 몇 개일까요?

_____

4 사람의 평균 심장 박동수는 1분에 약 80회 뛴다고 합니다. 1시간 동안 뛰는 사람의 평균 심장 박동수는 몇 회일까요?

_____

숙닥숙닥

4 1시간은 60분이란 건 알고 있죠?

11 몇십을 곱하면 뒤에 0을 1개 붙여!

☆ **(두 자리 수)×(몇십)**

(두 자리 수)×(한 자리 수)를 계산한 값에 0을 ^{1}□개 붙입니다.

$$12×30=360$$

$12×3=36$

	1	2
×	3	0
3	6	0

기준! 일의 자리 곱은 바로 아래에 써요.

십의 자리부터 백의 자리 순으로!

$$26×40=1040$$

$26×4=104$

		2	6
	×	4	0
1	0	4	0

바빠 꿀팁!

• **곱에 0이 있으면 자리를 먼저 확보해요!**

25×4=100처럼 곱에 0이 있는 경우에 실수를 하는 경우가 많아요. 그래서 계산을 하기 전에 먼저 0을 그대로 내려 자리를 확보한 다음 계산하면 실수를 줄일 수 있어요.

		2	5
	×	4	0
1	0	0	0

먼저 0을 1개 써 줘요.

 **A** (몇십몇)×(몇)을 계산한 다음 뒤에 0을 1개 붙이면 돼요.

🐾 곱셈을 하세요.

1 $12 \times 20 = \boxed{}0$
$\underset{\boxed{12 \times 2}}{\uparrow}$

2 $12 \times 30 =$

3 $12 \times 40 =$

4 $13 \times 30 =$

5 $14 \times 30 =$

6 $16 \times 30 =$

7 $22 \times 30 =$

8 $25 \times 20 =$

9 $16 \times 40 =$

10 $42 \times 30 = \boxed{}0$

11 $45 \times 40 =$

12 $55 \times 20 =$

13 $38 \times 30 =$

14 $38 \times 50 =$

15 $28 \times 40 =$

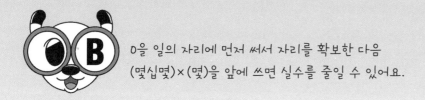

0을 일의 자리에 먼저 써서 자리를 확보한 다음
(몇십몇)×(몇)을 앞에 쓰면 실수를 줄일 수 있어요.

🐾 곱셈을 하세요.

①
```
  1 3
× 2 0
    0
```
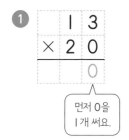
먼저 0을
1개 써요.

②
```
  4 1
× 1 0
```

③
```
  2 3
× 3 0
```

④
```
  3 2
× 3 0
```

⑤
```
  2 4
× 3 0
```

⑥
```
  5 2
× 2 0
```

⑦
```
  2 1
× 5 0
```

⑧
```
  3 3
× 4 0
```

⑨
```
  2 7
× 4 0
```

⑩
```
  3 5
× 4 0
```

⑪
```
  3 3
× 5 0
```

⑫
```
  4 2
× 5 0
```

⑬
```
  5 4
× 3 0
```

⑭
```
  5 3
× 4 0
```

⑮
```
  5 8
× 3 0
```

곱셈을 하세요.

① 　 1 4
　 × 1 0
_____

② 　 1 4
　 × 2 0
_____

③ 　 2 2
　 × 4 0
_____

④ 　 1 8
　 × 5 0
_____

⑤ 　 4 4
　 × 4 0
_____

⑥ 　 5 8
　 × 2 0
_____

⑦ 　 4 7
　 × 5 0
_____

⑧ 　 3 2
　 × 7 0
_____

⑨ 　 3 3
　 × 6 0
_____

⑩ 　 2 9
　 × 4 0
_____

⑪ 　 3 5
　 × 6 0
_____

⑫ 　 8 6
　 × 2 0
_____

⑬ 　 4 2
　 × 6 0
_____

⑭ 　 5 3
　 × 7 0
_____

올림한 수를 작게
쓰면서 계산하세요!

　 5 3
× 7 0
_____
　 1 0

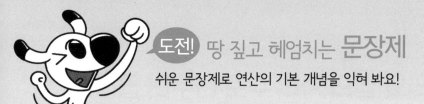

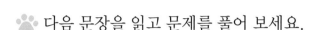 다음 문장을 읽고 문제를 풀어 보세요.

1 1년은 12달입니다. 20년은 몇 달일까요?

_____

2 책꽂이 한 단에는 32권의 책을 꽂을 수 있습니다. 작은 도서관의 책꽂이가 60단이라면 책은 모두 몇 권까지 꽂을 수 있을까요?

_____

3 가로가 21 cm이고, 세로가 30 cm인 복사 용지가 있습니다. 이 복사 용지 40장을 겹치지 않게 옆으로 나란히 이어 붙였다면 전체 가로는 몇 cm일까요?

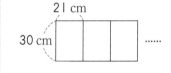

_____

4 지후네 학교는 24학급입니다. 각 학급의 학생이 30명씩이라면 지후네 학교의 학생은 모두 몇 명일까요?

_____

5 한 상자에 귤 35개씩을 담아 귤 상자 50개를 만들었습니다. 상자에 담은 귤은 모두 몇 개일까요?

_____

12 일의 자리와 십의 자리 수로 나누어 곱하자

☆ **올림이 없는 (두 자리 수)×(두 자리 수)**

(두 자리 수)×(일의 자리 수)와 (두 자리 수)×(십의 자리 수)를 각각 계산한 다음
더합니다.

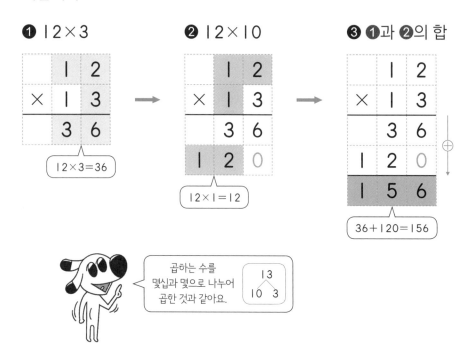

❶ $12×3$

❷ $12×10$

❸ ❶과 ❷의 합

$12×3=36$

$12×1=12$

$36+120=156$

곱하는 수를
몇십과 몇으로 나누어
곱한 것과 같아요.

앗! 실수

• **십의 자리 곱을 쓸 때 자릿값에 주의해요!**

세로셈에서 계산상 편리함을 위해 $12×10=120$의 0을 생략하여 12로 써도 돼요.
하지만 십의 자리 곱을 쓸 때 꼭 일의 자리를 비우고 십의 자리부터 써야 해요.

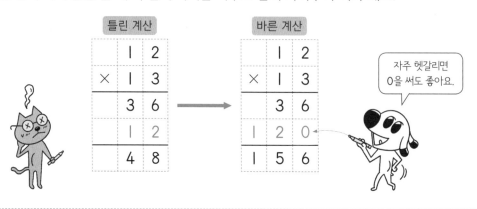

틀린 계산

바른 계산

자주 헷갈리면
0을 써도 좋아요.

 (두 자리 수)×(일의 자리 수)와 (두 자리 수)×(십의 자리 수)를
각각 계산한 다음 더하여 구할 수 있어요.

🐾 곱셈을 하세요.

①
```
    1 1
  ×  1 2
```
···1 1 × ⃝ = ⃝
···1 1 × ⃝ = ⃝

②
```
    1 2
  ×  1 4
```

③
```
    1 1
  ×  1 5
```

④
```
    1 4
  ×  1 1
```

⑤
```
    2 4
  ×  1 2
```

⑥
```
    1 3
  ×  2 1
```

⑦
```
    2 1
  ×  2 2
```

⑧
```
    2 3
  ×  1 2
```

⑨
```
    2 3
  ×  1 3
```

⑩
```
    1 2
  ×  3 1
```

⑪
```
    1 1
  ×  3 4
```

⑫
```
    2 2
  ×  3 1
```

🐾 곱셈을 하세요.

①
```
    2 1
  × 1 2
```

②
```
    1 2
  × 4 1
```

③
```
    3 6
  × 1 1
```

④
```
    2 1
  × 3 1
```

⑤
```
    1 3
  × 3 2
```

⑥
```
    1 4
  × 2 2
```
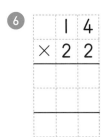

⑦
```
    3 2
  × 2 1
```

⑧
```
    2 2
  × 2 3
```

⑨
```
    3 3
  × 1 3
```

⑩
```
    4 2
  × 2 1
```

⑪
```
    2 3
  × 3 1
```

⑫
```
    5 5
  × 1 1
```

 **C** 익숙해졌다면 십의 자리 계산의 일의 자리에 0을 쓰지 않고 계산하는 연습을 해 보세요.

🐾 곱셈을 하세요.

① 　　2 2
　　× 1 3

② 　　2 4
　　× 1 1

③ 　　2 2
　　× 2 2

④ 　　3 1
　　× 2 2

⑤ 　　3 2
　　× 3 1

⑥ 　　1 9
　　× 1 1

⑦ 　　2 8
　　× 1 1

⑧ 　　6 1
　　× 1 1

⑨ 　　4 4
　　× 1 2

⑩ 　　1 3
　　× 3 3

⑪ 　　2 1
　　× 4 3

십의 자리 계산에서
일의 자리의 0을
생략하니 편리하죠?

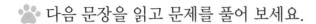

🐾 다음 문장을 읽고 문제를 풀어 보세요.

① 연필 한 타에는 연필 12자루가 들어 있습니다. 연필 11타에는 모두 몇 자루의 연필이 들어 있을까요?

_____

② 마트에서 파는 사과 1박스에는 24개의 사과가 들어 있습니다. 12박스에는 사과가 모두 몇 개 들어 있을까요?

_____

③ 1분에 22 m를 가는 새끼 거북이가 같은 빠르기로 24분 동안 이동한 거리는 모두 몇 m일까요?

_____

④ 한 대에 32명씩 탈 수 있는 버스 12대가 있습니다. 버스 12대에는 모두 몇 명이 탈 수 있을까요?

_____

⑤ 코끼리는 9초에 39 m를 달린다고 합니다. 같은 빠르기로 코끼리가 1분 39초 동안 달린다면 이동한 거리는 모두 몇 m일까요?

_____

속닥속닥

⑤ 1분 39초는 99초로, 9초의 11배가 되는 것을 알고 있어야 해요.

☆ 올림이 있는 (두 자리 수)×(두 자리 수)

(두 자리 수)×(^{1}[일]의 자리 수)와 (두 자리 수)×(십의 자리 수)를 각각 계산한 다음
^{2}[더합니다].

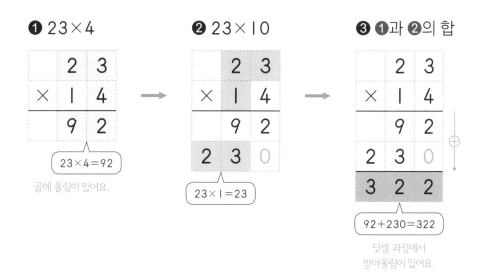

❶ 23×4

$$\begin{array}{r} 2\ 3 \\ \times\ 1\ 4 \\ \hline 9\ 2 \end{array}$$

23×4=92

곱에 올림이 있어요.

❷ 23×10

$$\begin{array}{r} 2\ 3 \\ \times\ 1\ 4 \\ \hline 9\ 2 \\ 2\ 3\ 0 \end{array}$$

23×1=23

❸ ❶과 ❷의 합

$$\begin{array}{r} 2\ 3 \\ \times\ 1\ 4 \\ \hline 9\ 2 \\ 2\ 3\ 0 \\ \hline 3\ 2\ 2 \end{array}$$

92+230=322

덧셈 과정에서
받아올림이 있어요.

바빠 꿀팁!

• 올림한 수를 작게 표시하면 정확해져요!

올림한 수를 윗자리의 답란 위에 작게 쓰고 계산해 보세요.
이때 덧셈 과정에서의 받아올림은 암산하는 습관을 들이는 게 좋아요.

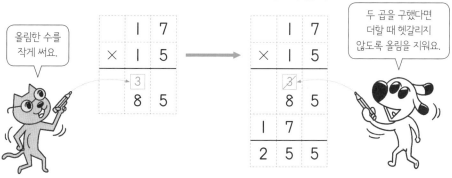

올림한 수를
작게 써요.

두 곱을 구했다면
더할 때 헷갈리지
않도록 올림을 지워요.

$$\begin{array}{r} 1\ 7 \\ \times\ 1\ 5 \\ \hline 8\ 5 \end{array}$$

$$\begin{array}{r} 1\ 7 \\ \times\ 1\ 5 \\ \hline 8\ 5 \\ 1\ 7 \\ \hline 2\ 5\ 5 \end{array}$$

🐾 곱셈을 하세요.

①
$$\begin{array}{r} 1\,3 \\ \times\ 1\,5 \end{array}$$
··· 13×5=☐
··· 13×10=☐

②
$$\begin{array}{r} 1\,3 \\ \times\ 1\,6 \end{array}$$

③
$$\begin{array}{r} 1\,4 \\ \times\ 1\,6 \end{array}$$

④
$$\begin{array}{r} 1\,2 \\ \times\ 3\,5 \end{array}$$

⑤
$$\begin{array}{r} 1\,5 \\ \times\ 1\,6 \end{array}$$

⑥
$$\begin{array}{r} 1\,7 \\ \times\ 1\,3 \end{array}$$

⑦
$$\begin{array}{r} 2\,6 \\ \times\ 1\,3 \end{array}$$

⑧
$$\begin{array}{r} 2\,8 \\ \times\ 1\,2 \end{array}$$

⑨
$$\begin{array}{r} 2\,4 \\ \times\ 1\,3 \end{array}$$

⑩
$$\begin{array}{r} 1\,8 \\ \times\ 1\,4 \end{array}$$

⑪
$$\begin{array}{r} 3\,7 \\ \times\ 1\,2 \end{array}$$

⑫
$$\begin{array}{r} 4\,6 \\ \times\ 1\,2 \end{array}$$

 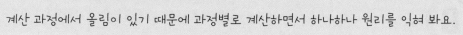

계산 과정에서 올림이 있기 때문에 과정별로 계산하면서 하나하나 원리를 익혀 봐요.

🐾 곱셈을 하세요.

①
```
    1 2
×   1 6
```

②
```
    1 4
×   2 5
```

③
```
    2 5
×   1 2
```

④
```
    1 6
×   1 6
```

⑤
```
    1 7
×   1 2
```

⑥
```
    2 9
×   1 2
```

⑦
```
    1 3
×   2 7
```

⑧
```
    2 9
×   1 3
```

⑨
```
    3 8
×   1 2
```

⑩
```
    3 9
×   1 2
```

⑪
```
    2 4
×   2 4
```

⑫
```
    4 7
×   1 2
```

 곱을 구한 다음 덧셈 과정에서 받아올림이 있을 수 있으니
방심하지 말고 풀어요.

🐾 곱셈을 하세요.

①　　 1 9
　　× 1 5

②　　 2 5
　　× 1 3

③　　 2 7
　　× 1 3

④　　 1 4
　　× 2 4

⑤　　 2 8
　　× 1 3

⑥　　 3 6
　　× 1 2

⑦　　 1 4
　　× 2 7

⑧　　 4 5
　　× 1 2

⑨　　 1 2
　　× 4 6

⑩　　 2 3
　　× 3 4

⑪　　 4 8
　　× 1 2

> 곱셈의 올림은 작게 쓰고,
> 덧셈 과정에서의
> 받아올림은 암산을 해서
> 속도를 올려 볼까요?

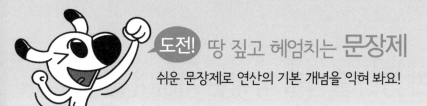
🐾 다음 문장을 읽고 문제를 풀어 보세요.

1 가로가 24 cm, 세로가 23 cm인 직사각형의 넓이는 몇 cm^{2}일 까요?

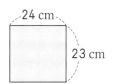

_____

2 1팩에 15개씩 포장되어 있는 달걀이 있습니다. 오늘 달걀이 12팩 팔렸다면 오늘 팔린 달걀은 모두 몇 개일까요?

_____

3 튤립 농장에는 1 m^2 한 판에 튤립 35송이가 심어져 있습니다. 매일 12판씩 판다면 하루에 팔리는 튤립은 모두 몇 송이일까요?

_____

4 100 m를 18초에 달리는 학생이 있습니다. 같은 빠르기로 1500 m를 달린다면 몇 초가 걸릴까요?

_____

5 가방 공장에서는 한 시간에 28개의 가방을 생산한다고 합니다. 하루에 12시간씩 공장을 가동한다면 하루에 생산되는 가방은 모두 몇 개일까요?

_____

속닥속닥

1 (직사각형의 넓이)＝(가로)×(세로)예요.
4 1500 m는 100 m의 15배예요.

14 십의 자리 곱의 올림을 작게 표시하며 풀자

☆ 올림이 있는 (두 자리 수)×(두 자리 수)

(두 자리 수)×(일의 자리 수)와 (두 자리 수)×($^1\boxed{}$의 자리 수)를 각각 계산한 다음 더합니다.

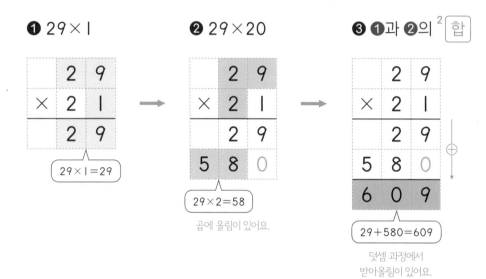

❶ 29×1

$$\begin{array}{r} 2\ 9 \\ \times\ 2\ 1 \\ \hline 2\ 9 \end{array}$$

$\boxed{29×1=29}$

❷ 29×20

$$\begin{array}{r} 2\ 9 \\ \times\ 2\ 1 \\ \hline 2\ 9 \\ 5\ 8\ 0 \end{array}$$

$\boxed{29×2=58}$

곱에 올림이 있어요.

❸ ❶과 ❷의 $^2\boxed{합}$

$$\begin{array}{r} 2\ 9 \\ \times\ 2\ 1 \\ \hline 2\ 9 \\ 5\ 8\ 0 \\ \hline 6\ 0\ 9 \end{array}$$

$\boxed{29+580=609}$

덧셈 과정에서 받아올림이 있어요.

바빠 꿀팁!

• 올림한 수를 작게 표시하면 정확해져요!

올림한 수를 윗자리의 답란 위에 작게 쓰고 계산해 보세요.
아래 계산에서 (두 자리 수)×(십의 자리 수)의 올림한 수는 백의 자리에 써야 해요.

올림한 수를 작게 써요.

$$\begin{array}{r} 2\ 7 \\ \times\ 2\ 1 \\ \hline 2\ 7 \\ 5\ 4 \end{array}$$

두 곱을 구했다면 더할 때 헷갈리지 않도록 올림을 지워요.

$$\begin{array}{r} 2\ 7 \\ \times\ 2\ 1 \\ \hline 2\ 7 \\ 5\ 4 \\ \hline 5\ 6\ 7 \end{array}$$

A 16×31은 16×1=16과 16×30=480을 구한 다음
16과 480을 더해 구할 수 있어요.

🐾 곱셈을 하세요.

1

```
    1 5
×   2 1
```
···15×1=◯
···15×20=◯

2

```
    1 7
×   2 1
```

3

```
    1 8
×   2 1
```

4

```
    1 3
×   4 3
```

5

```
    1 9
×   3 1
```

6

```
    2 6
×   2 1
```

7

```
    2 7
×   3 1
```

8

```
    2 4
×   3 2
```

9

```
    2 9
×   3 1
```

10

```
    1 7
×   5 1
```

11

```
    3 5
×   2 1
```

12

```
    3 8
×   2 1
```

$$\begin{array}{r} 39 \\ \times\, 21 \\ \hline 39 \\ 78 \\ \hline 819 \end{array}$$

(두 자리 수)×(두 자리 수)를 계산할 때 마지막 덧셈 과정에서
받아올림이 있을 수 있으니 주의해야 해요.

🐾 곱셈을 하세요.

1
$$\begin{array}{r} 13 \\ \times\, 42 \end{array}$$

2
$$\begin{array}{r} 25 \\ \times\, 21 \end{array}$$

3
$$\begin{array}{r} 37 \\ \times\, 21 \end{array}$$

4
$$\begin{array}{r} 14 \\ \times\, 42 \end{array}$$

5
$$\begin{array}{r} 15 \\ \times\, 61 \end{array}$$

6
$$\begin{array}{r} 19 \\ \times\, 41 \end{array}$$

7
$$\begin{array}{r} 24 \\ \times\, 31 \end{array}$$

8
$$\begin{array}{r} 18 \\ \times\, 41 \end{array}$$

9
$$\begin{array}{r} 23 \\ \times\, 41 \end{array}$$

10
$$\begin{array}{r} 23 \\ \times\, 43 \end{array}$$

11
$$\begin{array}{r} 26 \\ \times\, 31 \end{array}$$

12
$$\begin{array}{r} 23 \\ \times\, 42 \end{array}$$

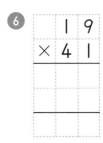

곱셈을 하세요.

①
$$\begin{array}{r} 1\,6 \\ \times\ 2\,1 \\ \hline \end{array}$$

②
$$\begin{array}{r} 1\,3 \\ \times\ 5\,1 \\ \hline \end{array}$$

③
$$\begin{array}{r} 1\,8 \\ \times\ 3\,1 \\ \hline \end{array}$$

④
$$\begin{array}{r} 1\,3 \\ \times\ 5\,3 \\ \hline \end{array}$$

⑤
$$\begin{array}{r} 1\,4 \\ \times\ 5\,1 \\ \hline \end{array}$$

⑥
$$\begin{array}{r} 2\,4 \\ \times\ 4\,1 \\ \hline \end{array}$$

⑦
$$\begin{array}{r} 1\,6 \\ \times\ 5\,1 \\ \hline \end{array}$$

⑧
$$\begin{array}{r} 2\,8 \\ \times\ 3\,1 \\ \hline \end{array}$$

⑨
$$\begin{array}{r} 1\,3 \\ \times\ 6\,2 \\ \hline \end{array}$$

⑩
$$\begin{array}{r} 3\,6 \\ \times\ 2\,1 \\ \hline \end{array}$$

⑪
$$\begin{array}{r} 4\,7 \\ \times\ 2\,1 \\ \hline \end{array}$$

⑫
$$\begin{array}{r} 1\,2 \\ \times\ 7\,3 \\ \hline \end{array}$$

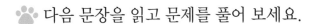

🐾 다음 문장을 읽고 문제를 풀어 보세요.

① 작은 페인트 1통의 무게는 45 g입니다. 페인트 21통의 무게는 모두 몇 g일까요?

_____

② 지후는 동화책을 매일 28쪽씩 3주 동안 읽었습니다. 지후가 읽은 동화책은 몇 쪽일까요?

_____

③ 하루에 13초씩 늦게 가는 시계가 있습니다. 6주가 지난 날 시계는 몇 초 늦어질까요?

_____

④ 길이가 14 cm인 색 테이프 32개를 겹치지 않고 나란히 이어 붙이려고 합니다. 색 테이프의 전체 길이는 몇 cm가 될까요?

_____

⑤ 현아는 하루에 25분씩 31일 동안 수학을 공부했습니다. 현아가 31일 동안 수학을 공부한 시간은 몇 분일까요?

_____

15 주의! 올림이 여러 번 있는 (두 자리 수)×(두 자리 수)

☆ 올림이 여러 번 있는 (두 자리 수)×(두 자리 수)

올림에 주의하면서 (두 자리 수)×(일의 자리 수)와 (두 자리 수)×(십의 자리 수)를
각각 계산한 다음 더합니다.

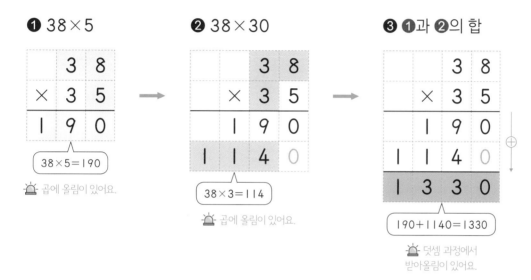

❶ 38×5

```
    3 8
  × 3 5
  1 9 0
```
38×5=190

🚨 곱에 올림이 있어요.

❷ 38×30

```
      3 8
    × 3 5
    1 9 0
  1 1 4 0
```
38×3=114

🚨 곱에 올림이 있어요.

❸ ❶과 ❷의 합

```
      3 8
    × 3 5
    1 9 0
  1 1 4 0
  1 3 3 0
```
190+1140=1330

🚨 덧셈 과정에서
받아올림이 있어요.

• **곱하는 수가 11의 배수인 경우**

곱하는 수의 십의 자리 숫자와 일의 자리 숫자가 같으면(11, 22, 33……) 십의 자리 계산을
따로 하지 않고 일의 자리에 0을 쓰고 일의 자리 곱을 한 번 더 써 주면 돼요.

```
      5 3
    × 2 2
    1 0 6
  1 0 6 0
  1 1 6 6
```

```
      5 3
    × 3 3
    1 5 9
  1 5 9 0
  1 7 4 9
```

```
      5 3
    × 4 4
    2 1 2
  2 1 2 0
  2 3 3 2
```

두 번 계산할
필요가 없어요!

🐾 곱셈을 하세요.

①
```
    1 5
  × 2 5
```
···15×5=◯
···15×20=◯

②
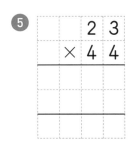
```
    2 4
  × 3 4
```

③
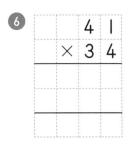
```
    2 7
  × 3 3
```

④
```
    1 6
  × 4 5
```

⑤
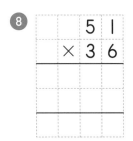
```
    2 3
  × 4 4
```

⑥
```
    4 1
  × 3 4
```

⑦
```
    5 1
  × 2 8
```

⑧
```
    5 1
  × 3 6
```

⑨
```
    1 8
  × 6 2
```

⑩
```
    3 7
  × 3 2
```

⑪
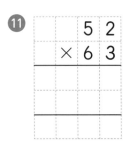
```
    5 2
  × 6 3
```

⑫
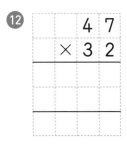
```
    4 7
  × 3 2
```

올림이 여러 번 있고 마지막 덧셈 과정에서도
받아올림이 있을 수 있으니 계산할 때 주의해야 해요.

🐾 곱셈을 하세요.

①
```
    6 4
  ×  1 5
```

②
```
    2 8
  ×  3 2
```

③
```
    7 2
  ×  1 6
```

④
```
    7 6
  ×  1 8
```

⑤
```
    2 5
  ×  7 3
```

⑥
```
    4 2
  ×  6 3
```

⑦
```
    6 1
  ×  2 3
```

⑧
```
    5 5
  ×  3 2
```

⑨
```
    8 1
  ×  2 5
```

⑩
```
    8 3
  ×  2 2
```

⑪
```
    1 8
  ×  7 4
```

⑫
```
    9 1
  ×  4 3
```

🐾 곱셈을 하세요.

① $\begin{array}{r} 17 \\ \times\,23 \\ \hline \end{array}$　　② $\begin{array}{r} 18 \\ \times\,34 \\ \hline \end{array}$　　③ $\begin{array}{r} 19 \\ \times\,35 \\ \hline \end{array}$

④ $\begin{array}{r} 24 \\ \times\,29 \\ \hline \end{array}$　　⑤ $\begin{array}{r} 25 \\ \times\,34 \\ \hline \end{array}$　　⑥ $\begin{array}{r} 34 \\ \times\,27 \\ \hline \end{array}$

⑦ $\begin{array}{r} 39 \\ \times\,22 \\ \hline \end{array}$　　⑧ $\begin{array}{r} 41 \\ \times\,38 \\ \hline \end{array}$　　⑨ $\begin{array}{r} 43 \\ \times\,41 \\ \hline \end{array}$

⑩ $\begin{array}{r} 55 \\ \times\,43 \\ \hline \end{array}$　　⑪ $\begin{array}{r} 62 \\ \times\,23 \\ \hline \end{array}$　　⑫ $\begin{array}{r} 93 \\ \times\,39 \\ \hline \end{array}$

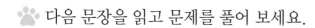

🐾 다음 문장을 읽고 문제를 풀어 보세요.

1 초콜릿이 한 상자에 32개씩 들어 있습니다. 26상자에 들어 있는 초콜릿은 모두 몇 개일까요?

_____

2 두 계산 결과를 비교하여 ◯ 안에 >, =, <를 알맞게 써넣으세요.

| 35×17 | | 16×24 |

3 타일이 가로로 33개, 세로로 29줄이 붙어 있습니다. 타일은 모두 몇 개일까요?

_____

4 가로가 45 cm, 세로가 35 cm인 직사각형의 넓이는 몇 cm² 일까요?

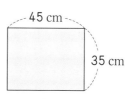

_____

5 젤리를 한 봉지에 28개씩 담았더니 54봉지가 되었습니다. 젤리는 모두 몇 개일까요?

_____

숙닥숙닥

4 (직사각형의 넓이)=(가로)×(세로)인 것 알죠?

16 (두 자리 수)×(두 자리 수) 종합 문제

🐾 곱셈을 하세요.

①
$$\begin{array}{r} 20 \\ \times\ 30 \\ \hline \end{array}$$

②
$$\begin{array}{r} 30 \\ \times\ 15 \\ \hline \end{array}$$

③
$$\begin{array}{r} 22 \\ \times\ 13 \\ \hline \end{array}$$

④
$$\begin{array}{r} 21 \\ \times\ 33 \\ \hline \end{array}$$

⑤
$$\begin{array}{r} 13 \\ \times\ 12 \\ \hline \end{array}$$

⑥
$$\begin{array}{r} 17 \\ \times\ 40 \\ \hline \end{array}$$

⑦
$$\begin{array}{r} 30 \\ \times\ 50 \\ \hline \end{array}$$

⑧
$$\begin{array}{r} 34 \\ \times\ 13 \\ \hline \end{array}$$

⑨
$$\begin{array}{r} 31 \\ \times\ 22 \\ \hline \end{array}$$

⑩
$$\begin{array}{r} 15 \\ \times\ 51 \\ \hline \end{array}$$

⑪
$$\begin{array}{r} 26 \\ \times\ 40 \\ \hline \end{array}$$

⑫
$$\begin{array}{r} 23 \\ \times\ 24 \\ \hline \end{array}$$

🐾 곱셈을 하세요.

❶
```
    6 0
  × 3 0
```

❷
```
    2 4
  × 1 4
```

❸
```
    3 7
  × 1 2
```

❹
```
    1 3
  × 5 2
```

❺
```
    5 6
  × 1 3
```

❻
```
    3 4
  × 2 4
```

❼
```
    4 6
  × 3 1
```

❽
```
    1 4
  × 5 2
```

❾
```
    1 6
  × 7 3
```

❿
```
    4 9
  × 2 8
```

⓫
```
    4 8
  × 3 2
```

⓬
```
    6 3
  × 4 4
```

🐾 곱셈을 하세요.

①   5 0
   × 4 0

②   1 6
   × 1 5

③   1 8
   × 2 6

④   3 8
   × 1 4

⑤   6 5
   × 1 2

⑥   9 4
   × 1 5

⑦   2 9
   × 3 2

⑧   4 7
   × 2 3

⑨   3 3
   × 7 4

⑩   5 2
   × 7 2

⑪   8 7
   × 4 2

⑫   5 6
   × 8 4

🐾 ☐ 안에 알맞은 수를 써넣으세요.

① $57 \times 4 = 228$ ➡ $57 \times 40 = \boxed{}$

왼쪽 곱의 값을 이용하면 답을 쉽게 구할 수 있어요.

② $4 \times 5 = 20$ ➡ $40 \times 50 = \boxed{}$

③ $27 \times 5 = 135, \ 27 \times 20 = 540$ ➡ $27 \times 25 = \boxed{} + \boxed{} = \boxed{}$

④ $54 \times 8 = 432, \ 54 \times 10 = 540$ ➡ $54 \times 18 = \boxed{} + \boxed{} = \boxed{}$

⑤ $28 \times 30 = 840, \ 28 \times 14 = 392$ ➡ $28 \times 16 = \boxed{840} - \boxed{} = \boxed{}$

$30 - 14$

🐾 바른 답을 따라갔을 때 먹을 수 있는 음식을 찾아 ◯표 하세요.

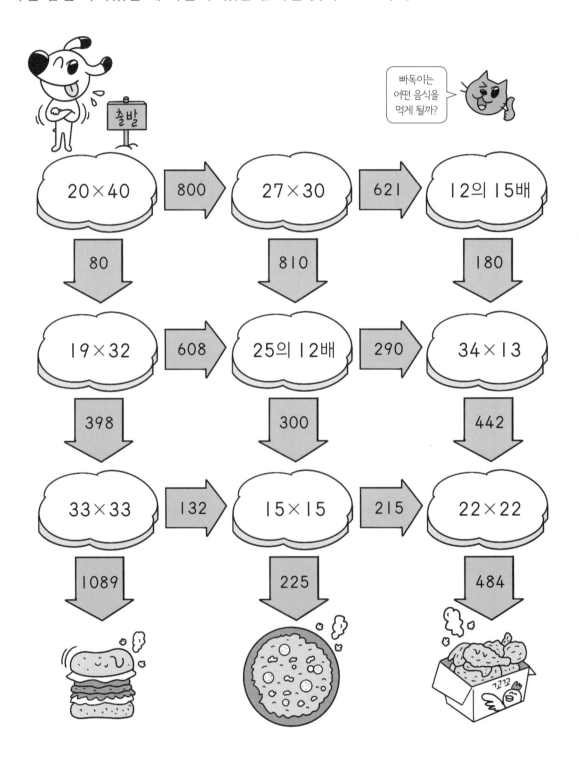

넷째 마당

(세 자리 수)×(두 자리 수)

이번 마당은 곱하는 두 수가 커졌기 때문에 계산이 더욱 복잡해요. 하지만 셋째 마당에서 연습한 (두 자리 수)×(두 자리 수)를 충분히 연습했다면 계산 원리가 같아서 문제없이 풀 수 있어요. 5학년 때 배우는 자연수의 혼합 계산까지 풀어서 곱셈을 완성해 보세요!

공부할 내용!	완료	10일 진도	20일 진도
17 곱하는 두 수의 0의 개수만큼 0을 뒤에 붙여!	☐		13일차
18 몇십을 곱하면 뒤에 0을 1개 붙이면 되니 쉬워~	☐	8일차	14일차
19 올림이 없는 (세 자리 수)×(두 자리 수)는 가뿐히~	☐		15일차
20 올림이 있는 (세 자리 수)×(두 자리 수)도 실수 없게!	☐		16일차
21 주의! 올림이 여러 번 있는 (세 자리 수)×(두 자리 수)	☐	9일차	17일차
22 세 수의 곱셈은 순서가 바뀌어도 계산 결과가 같아	☐		18일차
23 자연수의 혼합 계산은 계산 순서가 중요해	☐	10일차	19일차
24 (세 자리 수)×(두 자리 수) 종합 문제	☐		20일차

17 곱하는 두 수의 0의 개수만큼 0을 뒤에 붙여!

☆ 어떤 수에 100, 1000, 10000 곱하기

① 어떤 수에 100을 곱하면 어떤 수에 0을 2개 붙입니다.

$2 \times 100 = 200$

② 어떤 수에 1000을 곱하면 어떤 수에 0을 3개 붙입니다.

$15 \times 1000 = 15000$

③ 어떤 수에 10000을 곱하면 어떤 수에 0을 [¹ ___]개 붙입니다.

$37 \times 10000 = 370000$

0이 몇 개 필요해요? 갑니다~.

☆ 몇십, 몇백, 몇천 곱하기

(몇)×(몇)을 계산한 값에 두 수의 0의 개수만큼 [² ___]을 붙입니다.

0이 3개

$300 \times 40 = 12000$

$3 \times 4 = 12$

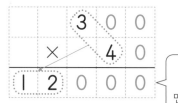

두 수의 곱에 0이 3개이니까 먼저 0을 3개 붙여요.

앗! 실수

- (몇)×(몇)을 계산한 값에 0이 생길 수도 있으니 주의해요.

  200×50의 $2 \times 5 = 10$처럼 곱에 0이 있는 경우 0을 하나 빠뜨리지 않도록 해야 해요.

  0이 3개

  $200 \times 50 = 10000$

  0이 1개

  0이 3개

  $500 \times 80 = 40000$

  0이 1개

어떤 수에 100, 1000, 10000……을 곱하면
어떤 수에 0을 2개, 3개, 4개…… 순으로 붙여 주면 돼요.

🐾 곱셈을 하세요.

① $3 \times 100 =$

② $3 \times 1000 =$

③ $3 \times 10000 =$

④ $15 \times 100 =$

⑤ $15 \times 1000 =$

⑥ $15 \times 10000 =$

⑦ $7 \times 100 =$

⑧ $8 \times 10000 =$

⑨ $12 \times 1000 =$

⑩ $20 \times 100 =$

⑪ $60 \times 1000 =$

⑫ $40 \times 10000 =$

⑬ $100 \times 100 =$

⑭ $120 \times 100 =$

⑮ $50 \times 1000 =$

🐾 곱셈을 하세요.

① 400×40=

② 500×30=

③ 400×200=

④ 500×100=

⑤ 400×300=

⑥ 200×300=

⑦ 300×500=

⑧ 300×600=

⑨ 500×400=

⑩
$$\begin{array}{r} 2\,0\,0 \\ \times\quad 4\,0 \\ \hline \end{array}$$

⑪
$$\begin{array}{r} 4\,0\,0 \\ \times\quad 7\,0 \\ \hline \end{array}$$

⑫
$$\begin{array}{r} 5\,0\,0 \\ \times 8\,0\,0 \\ \hline \end{array}$$

⑬
$$\begin{array}{r} 8\,0 \\ \times 2\,0\,0 \\ \hline \end{array}$$

⑭
$$\begin{array}{r} 4\,0 \\ \times 5\,0\,0 \\ \hline \end{array}$$

⑮
$$\begin{array}{r} 3\,0\,0 \\ \times 9\,0\,0 \\ \hline \end{array}$$

🐾 곱셈을 하세요.

① 100×1000=

② 500×6000=

③ 700×3000=

④ 5000×100=

⑤ 4000×400=

⑥ 6000×200=

⑦ 4000×500=

⑧ 5000×200=

⑨ 7000×400=

⑩
```
    4 0 0 0
×     6 0 0
```

⑪
```
    3 0 0 0
×     9 0 0
```

⑫
```
    5 0 0 0
×     5 0 0
```

⑬
```
      4 0 0
× 7 0 0 0
```

⑭
```
      5 0 0
× 6 0 0 0
```

0만 잘 붙이면 만사 OK!

(세 자리 수)×(두 자리 수) 105

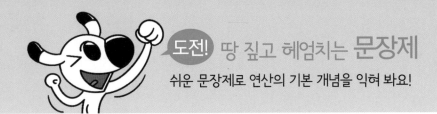

🐾 다음 문장을 읽고 문제를 풀어 보세요.

(**1**~**3**) 다음은 종류별 버스와 지하철의 기본 요금표입니다.

	어린이 요금	청소년 요금	일반 요금
마을버스	300원	550원	850원
간선버스	450원	1000원	1000원
광역버스	1200원	1800원	2000원
지하철	450원	720원	1050원

1 초등학생 20명이 마을버스를 탔다면 요금은 모두 얼마를 내야 할까요?

_____

2 중학생 30명이 간선버스를 타고 체험 학습을 갔다 오려면 준비해야 할 교통비는 모두 얼마일까요?

_____

3 광역버스에 성인 45명이 탔다면 승객이 낸 요금은 모두 얼마일까요?

_____

숙닥숙닥

2 체험 학습을 갔다 오려면 왕복이니까 교통비를 2번 내야겠죠?
중학생의 간선버스 왕복 요금은 2000원이에요.

18 몇십을 곱하면 뒤에 0을 1개 붙이면 되니 쉬워~

☆ (세 자리 수)×(몇십)

(세 자리 수)×(한 자리 수)를 계산한 값에 0을 ¹☐ 개 붙입니다.

$$132 \times 20 = 2640$$

132×2=264

```
      1  3  2
  ×      2  0
  2  6  4  0
```

> 먼저 0을 1개 쓰고 계산해요. 식은 죽 먹기죠?

 앗! 실수

• 십의 자리에 0이 있는 경우

302×40과 같이 일의 자리에서 올림한 수가 없고, 곱해지는 수의 십의 자리 숫자가 0이면 곱의 백의 자리에 반드시 0을 쓴 다음 나머지를 써야 해요.

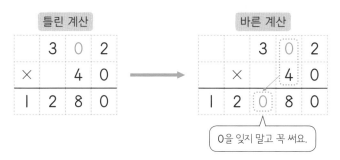

틀린 계산
```
      3  0  2
  ×      4  0
  1  2  8  0
```

바른 계산
```
      3  0  2
  ×      4  0
  1  2  0  8  0
```

> 0을 잊지 말고 꼭 써요.

• (세 자리 수)×(몇)의 계산이 0으로 끝나는 경우

806×5=4030과 같이 (세 자리 수)×(몇)을 계산한 값이 0으로 끝나면 맨 뒤에 0을 써넣는 걸 잊을 수 있어 주의해야 해요.

틀린 계산
```
      8  0  6
  ×      5  0
  4  0  3  0
```

바른 계산
```
      8  0  6
  ×      5  0
  4  0  3  0  0
```

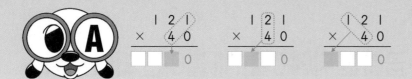

🐾 곱셈을 하세요.

❶
```
    1 1 2
  ×   2 0
        0
```
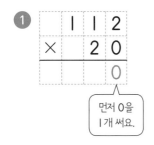
먼저 0을
1개 써요.

❷
```
    1 2 1
  ×   3 0
```

❸
```
    2 2 1
  ×   4 0
```

❹
```
    2 1 3
  ×   3 0
```

❺
```
    1 3 4
  ×   2 0
```

❻
```
    2 4 2
  ×   2 0
```

❼
```
    1 4 3
  ×   2 0
```

❽
```
    1 1 3
  ×   3 0
```

❾
```
    2 4 4
  ×   2 0
```

❿
```
    3 2 1
  ×   2 0
```

⓫
```
    3 1 1
  ×   3 0
```

⓬
```
    3 3 1
  ×   3 0
```

🐾 곱셈을 하세요.

①
$$\begin{array}{r} 183 \\ \times 40 \\ \hline \end{array}$$

②
$$\begin{array}{r} 151 \\ \times 60 \\ \hline \end{array}$$

③
$$\begin{array}{r} 195 \\ \times 20 \\ \hline \end{array}$$

④
$$\begin{array}{r} 251 \\ \times 30 \\ \hline \end{array}$$

⑤
$$\begin{array}{r} 174 \\ \times 40 \\ \hline \end{array}$$

⑥
$$\begin{array}{r} 225 \\ \times 30 \\ \hline \end{array}$$

⑦
$$\begin{array}{r} 317 \\ \times 20 \\ \hline \end{array}$$

⑧
$$\begin{array}{r} 214 \\ \times 40 \\ \hline \end{array}$$

⑨
$$\begin{array}{r} 416 \\ \times 20 \\ \hline \end{array}$$

⑩
$$\begin{array}{r} 328 \\ \times 50 \\ \hline \end{array}$$

⑪
$$\begin{array}{r} 331 \\ \times 40 \\ \hline \end{array}$$

나 먼저 내려간다!

 세 자리 수의 십의 자리 숫자가 0이거나 계산 과정에서 0이 많이 나오면
틀리기 쉬워서 계산할 때 특히 주의해야 해요.

🐾 곱셈을 하세요.

①
```
    2 0 3
  ×   3 0
```

②
```
    1 0 3
  ×   2 0
```

③
```
    4 0 2
  ×   3 0
```

④
```
    3 0 5
  ×   5 0
```

⑤
```
    5 0 8
  ×   5 0
```

⑥
```
    3 0 7
  ×   4 0
```

⑦
```
    6 0 3
  ×   3 0
```

⑧
```
    2 1 5
  ×   6 0
```

⑨
```
    6 1 4
  ×   5 0
```

⑩
```
    2 1 5
  ×   8 0
```

⑪
```
    8 0 6
  ×   5 0
```

(세 자리 수)×(몇십)도 잘했으니
(세 자리 수)×(두 자리 수)도
틀림없이 잘 풀 수 있을 거예요!

🐾 다음 문장을 읽고 문제를 풀어 보세요.

1 1년은 365일입니다. 20년은 며칠일까요?

_____

2 바나나 우유 1팩은 240 mL입니다. 하루에 1팩씩 30일 동안 마셨다면 마신 바나나 우유의 양은 몇 mL일까요?

_____

3 지영이는 하루에 650원씩 30일 동안 저금하였습니다. 지영이 가 저금한 돈은 얼마일까요?

_____

4 은정이는 집에서 435 m의 거리에 있는 학교를 걸어 다닙니다. 10일 동안 학교를 왕복한 거리는 모두 몇 m일까요?

_____

속닥속닥

4 학교를 10일 동안 왕복해서 걸어 다녔으므로 435 m의 거리를 20번 걸어 다닌 거예요.

☆ **올림이 없는 (세 자리 수)×(두 자리 수)**

(세 자리 수)×(일의 자리 수)와 (세 자리 수)×(^{1} ☐ 의 자리 수)를

각각 계산한 다음 ^{2} ☐ .

❶ 123×3

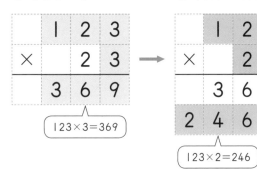

123×3=369

❷ 123×20

123×2=246

❸ ❶과 ❷의 합

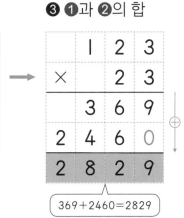

369+2460=2829

덧셈 과정에서
받아올림이 있어요.

바빠 꿀팁!

• **두 수의 곱의 자리를 찾는 방법**

일의 자리에~

십의 자리에~

백의 자리에~

두 수의 곱의
자리를 잘 알아야
실수하지 않아요.

십의 자리에~

백의 자리에~

천의 자리에~

1. 십, 2. 더합니다

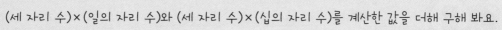

A (세 자리 수)×(일의 자리 수)와 (세 자리 수)×(십의 자리 수)를 계산한 값을 더해 구해 봐요.

🐾 곱셈을 하세요.

1
```
    1 1 1
  ×   1 1
```

2
```
    1 2 2
  ×   1 3
```

3
```
    1 3 3
  ×   2 1
```

4
```
    1 2 4
  ×   2 2
```

5
```
    2 1 1
  ×   2 4
```

6
```
    2 1 2
  ×   3 3
```

7
```
    2 1 2
  ×   4 1
```

8
```
    2 2 0
  ×   3 1
```

9
```
    3 1 1
  ×   1 3
```

10
```
    2 3 4
  ×   2 1
```

11
```
    4 1 0
  ×   1 2
```

12
```
    3 2 3
  ×   2 2
```

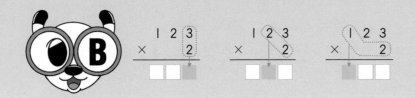

🐾 곱셈을 하세요.

①
```
  1 2 1
× 　1 3
```

②
```
  1 3 1
× 　1 2
```

③
```
  2 2 2
× 　1 1
```

④
```
  1 4 4
× 　2 2
```

⑤
```
  1 3 2
× 　3 1
```

⑥
```
  2 2 2
× 　2 2
```

⑦
```
  3 1 1
× 　2 3
```

⑧
```
  3 3 3
× 　1 1
```

⑨
```
  3 2 1
× 　3 1
```

⑩
```
  3 3 3
× 　2 2
```

⑪
```
  3 2 4
× 　2 1
```

⑫
```
  3 2 2
× 　3 1
```

🐾 곱셈을 하세요.

①
```
    4 3 1
  ×   1 1
```

②
```
    4 1 1
  ×   2 2
```

③
```
    1 0 2
  ×   4 1
```

④
```
    4 2 0
  ×   2 1
```

⑤
```
    4 2 2
  ×   2 1
```

⑥
```
    4 2 3
  ×   2 1
```

⑦
```
    4 0 3
  ×   2 1
```

⑧
```
    4 1 3
  ×   2 2
```

⑨
```
    4 2 4
  ×   2 1
```

⑩
```
    5 1 3
  ×   1 1
```

⑪
```
    2 3 3
  ×   3 1
```

너무 잘하고 있어요!
올림이 없어서 차근차근
계산하면 쉬울 거예요.

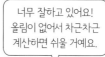

(세 자리 수)×(두 자리 수) 115

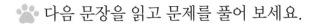

도전! 땅 짚고 헤엄치는 **문장제**

쉬운 문장제로 연산의 기본 개념을 익혀 봐요!

🐾 다음 문장을 읽고 문제를 풀어 보세요.

1 한 자루에 210원인 연필 42자루는 얼마일까요?

_____

2 하루에 410 km를 달리는 자동차가 있습니다. 이 자동차가 21일 동안 달리면 달린 거리는 몇 km일까요?

_____

3 건물 한 층의 높이가 232 cm일 때, 12층 건물의 높이는 몇 cm일까요?

_____

4 동물원에 있는 코끼리 한 마리가 하루에 먹는 먹이의 양은 사료 80 kg, 야채 15 kg, 귀리 17 kg입니다. 코끼리가 31일 동안 먹는 먹이의 양은 몇 kg일까요?

_____

속닥속닥

4 코끼리가 하루에 먹는 먹이의 양은 80+15+17=112 (kg)이에요.

20 올림이 있는 (세 자리 수)×(두 자리 수)도 실수 없게!

☆ 올림이 있는 (세 자리 수)×(두 자리 수)

(세 자리 수)×(일의 자리 수)와 (세 자리 수)×(십의 자리 수)를 각각 계산한 다음
더합니다.

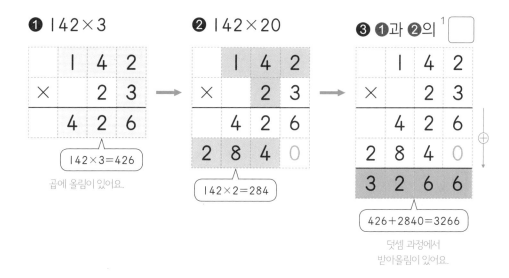

❶ 142×3

```
    1 4 2
  ×   2 3
    4 2 6
```
142×3=426
곱에 올림이 있어요.

❷ 142×20

```
    1 4 2
  ×   2 3
    4 2 6
  2 8 4 0
```
142×2=284

❸ ❶과 ❷의 ¹☐

```
    1 4 2
  ×   2 3
    4 2 6
  2 8 4 0
  3 2 6 6
```
426+2840=3266
덧셈 과정에서
받아올림이 있어요.

꿀팁!

• 올림한 수를 작게 표시하면 정확해져요!

올림이 계속 있으면 올림한 수를 잊어버리기 쉬워요. 계산 과정에서 올림한 수를 작게 써 두면
잊어버리지 않아 실수를 줄일 수 있어요.

올림한 수를
작게 써요.

```
      3 7 6
    ×   1 5
     ³ ³
  1 8 8 0
```

두 곱을 구했다면
더할 때 헷갈리지
않도록 올림을 지워요.

```
      3 7 6
    ×   1 5
     ³̸ ³̸
  1 8 8 0
    3 7 6
  5 6 4 0
```

🐾 곱셈을 하세요.

①
```
    2 3 6
  ×   1 3
```

②
```
    2 4 3
  ×   2 4
```

③
```
    2 5 5
  ×   1 2
```

④
```
    3 5 3
  ×   1 4
```

⑤
```
    3 6 4
  ×   1 6
```

⑥
```
    3 8 3
  ×   2 1
```

⑦
```
    3 3 4
  ×   2 4
```

⑧
```
    4 1 8
  ×   1 4
```

⑨
```
    4 5 3
  ×   2 1
```

⑩
```
    5 3 5
  ×   1 2
```

⑪
```
    6 2 7
  ×   1 3
```

⑫
```
    4 4 1
  ×   1 6
```

 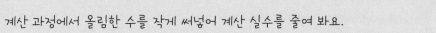
🐾 곱셈을 하세요.

①   1 1 4
 ×   2 6

②   1 8 8
 ×   1 4

③   1 2 4
 ×   2 6

④   2 4 5
 ×   1 5

⑤   2 3 5
 ×   1 6

⑥   2 4 4
 ×   2 3

⑦   1 2 3
 ×   3 5

⑧   2 6 7
 ×   1 3

⑨   2 7 8
 ×   1 8

⑩   4 1 3
 ×   2 4

⑪   3 1 6
 ×   1 7

⑫   3 2 1
 ×   1 5

🐾 곱셈을 하세요.

①
```
  1 9 6
×   1 6
```

②
```
  1 8 4
×   3 1
```

③
```
  2 3 8
×   1 5
```

④
```
  2 6 5
×   1 7
```

⑤
```
  2 4 5
×   3 1
```

⑥
```
  3 4 4
×   2 8
```

⑦
```
  2 3 6
×   4 1
```

⑧
```
  4 2 9
×   1 5
```

⑨
```
  4 3 4
×   2 3
```

⑩
```
  4 3 8
×   1 4
```

⑪
```
  3 1 2
×   2 9
```

올림한 수를 작게
쓰면서 계산하세요.

```
  3 1 2
×   3 9
─────────
    0 8
```

🐾 다음 문장을 읽고 문제를 풀어 보세요.

1 소리는 공기 중에서 1초에 340 m의 속력으로 전달됩니다.
25초 동안 소리가 이동한 거리는 몇 m가 될까요?

_____

2 고양이의 분당 심장 박동수는 180회입니다. 15분 동안 뛴
고양이의 분당 심장 박동수는 몇 회일까요?

_____

3 욕조의 수도꼭지에서는 분당 545 mL의 물이 나옵니다. 지민
이가 목욕을 하기 위해 12분 동안 물을 틀어 놓았다면 사용한
물의 양은 몇 mL가 될까요?

_____

4 라면이 1묶음에 6봉지씩 들어 있습니다. 라면 1봉지의 가격이
750원이라면 라면 3묶음은 얼마일까요?

_____

 속닥속닥

④ 1묶음에 라면이 6봉지 들어 있으므로 3묶음에는 18봉지의 라면이 들어 있
어요.

21 주의! 올림이 여러 번 있는 (세 자리 수)×(두 자리 수)

☆ **올림이 여러 번 있는 (세 자리 수)×(두 자리 수)**

올림에 주의하면서 (세 자리 수)×(일의 자리 수)와 (세 자리 수)×(십의 자리 수)를
각각 계산한 다음 더합니다.

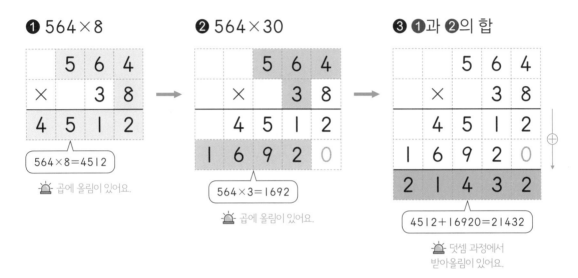

❶ 564×8

```
      5 6 4
  ×     3 8
  4 5 1 2
```
564×8=4512
🚨 곱에 올림이 있어요.

❷ 564×30

```
      5 6 4
  ×     3 8
  4 5 1 2
1 6 9 2 0
```
564×3=1692
🚨 곱에 올림이 있어요.

❸ ❶과 ❷의 합

```
        5 6 4
  ×       3 8
    4 5 1 2
  1 6 9 2 0
  2 1 4 3 2
```
4512+16920=21432
🚨 덧셈 과정에서
받아올림이 있어요.

 꿀팁!

• **계속되는 올림한 수를 표시하는 방법**

올림 계산을 능숙하게 하기 전까지는 아래와 같이 작게 올림한 수를 표시하는 게 좋아요.

```
          4 8 7
    ×       4 3
        ②  ②
      1 4 6 1   …❶
      ③  ②
    1 9 4 8     …❷
    2 0 9 4 1   …❶+❷
```

올림이 많죠?
올림한 수를 작게 쓰면
정확도가 올라가요!

(세 자리 수)×(일의 자리 수)를 계산하고,
(세 자리 수)×(십의 자리 수)를 계산한 다음 더해요.

곱셈을 하세요.

①
```
    1 6 7
  ×   6 8
```

②
```
    3 3 6
  ×   5 3
```

③
```
    3 6 5
  ×   4 4
```

④
```
    2 8 4
  ×   4 5
```

⑤
```
    4 1 6
  ×   3 6
```

⑥
```
    3 7 3
  ×   4 7
```

⑦
```
    5 4 8
  ×   2 3
```

⑧
```
    5 5 2
  ×   3 7
```

⑨
```
    5 3 9
  ×   5 2
```

⑩
```
    4 2 7
  ×   4 3
```

⑪
```
    5 8 3
  ×   3 4
```

⑫
```
    6 2 5
  ×   2 5
```

곱셈을 하세요.

①
$$
\begin{array}{r}
209 \\
\times\ 56 \\
\end{array}
$$

②
$$
\begin{array}{r}
304 \\
\times\ 45 \\
\end{array}
$$

③
$$
\begin{array}{r}
308 \\
\times\ 47 \\
\end{array}
$$

④
$$
\begin{array}{r}
405 \\
\times\ 38 \\
\end{array}
$$

⑤
$$
\begin{array}{r}
205 \\
\times\ 64 \\
\end{array}
$$

⑥
$$
\begin{array}{r}
504 \\
\times\ 27 \\
\end{array}
$$

⑦
$$
\begin{array}{r}
608 \\
\times\ 24 \\
\end{array}
$$

⑧
$$
\begin{array}{r}
502 \\
\times\ 39 \\
\end{array}
$$

⑨
$$
\begin{array}{r}
208 \\
\times\ 85 \\
\end{array}
$$

⑩
$$
\begin{array}{r}
605 \\
\times\ 36 \\
\end{array}
$$

⑪
$$
\begin{array}{r}
408 \\
\times\ 54 \\
\end{array}
$$

⑫
$$
\begin{array}{r}
309 \\
\times\ 73 \\
\end{array}
$$

올림이 여러 번 있는 계산은 계산 과정이 복잡해서
빠르게 하는 것보다는 정확하게 하는 것을 목표로 문제를 풀어요.

🐾 곱셈을 하세요.

①   2 8 3
   ×   5 5

②   5 0 3
   ×   2 9

③   5 1 4
   ×   2 6

④   3 6 4
   ×   4 2

⑤   3 1 8
   ×   5 8

⑥   4 3 5
   ×   4 3

⑦   6 0 4
   ×   3 2

⑧   4 0 4
   ×   5 3

⑨   4 5 7
   ×   5 2

⑩   4 0 6
   ×   6 3

⑪   4 8 7
   ×   6 3

⑫   8 0 3
   ×   4 7

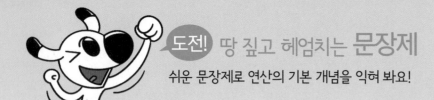

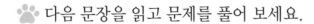 다음 문장을 읽고 문제를 풀어 보세요.

① 요구르트 1개의 무게가 125 g이라면 요구르트 85개의 무게는 모두 몇 g일까요?

_____

② 라면 1봉지의 열량은 540 kcal입니다. 라면 24봉지의 열량은 모두 몇 kcal일까요?

_____

③ 다음은 마트에서 물건을 사고 받은 영수증입니다. 각 물건의 가격과 총 금액은 얼마인지 각각 구하세요.

영수증			
상품	개수	개당 가격	가격
종이컵	25개	36원	
종이 접시	25개	360원	
사탕	120개	38원	
초콜릿	240개	45원	
총 금액			

속닥속닥

③ (개수) × (개당 가격) = (가격)이에요.

22 세 수의 곱셈은 순서가 바뀌어도 계산 결과가 같아

☆ 세 수의 곱셈

세 수의 곱셈은 순서를 바꾸어 곱해도 계산 결과가 ¹[   ].

방법1 ²[앞]에서부터 차례대로 곱하기

$$6 \times 5 \times 4 = 120$$

❶ 30
❷ 120

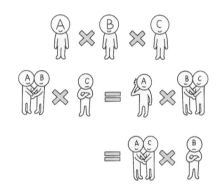

방법2 뒤의 두 수를 먼저 곱하기

$$6 \times 5 \times 4 = 120$$

❶ 20
❷ 120

방법3 양쪽 끝의 두 수를 먼저 곱하기

$$6 \times 5 \times 4 = 120$$

❶ 24
❷ 120

순서에 상관 없이
자신에게 더 편한 수끼리
먼저 곱하면 돼요.

바빠 꿀팁!

• 세 수의 곱셈을 세로셈으로 계산하는 방법

두 수의 곱을 세로셈으로 바꾸어 곱하고, 나머지 수를 연속해서 세로셈으로 계산하면 돼요.

$$18 \times 7 \times 15 \longrightarrow$$

```
    1 8
  ×   7     두 수를 먼저 곱해요 ❶.
  ─────
  1 2 6
  ×   1 5   ❶의 곱에 나머지 수를 곱해요.
  ─────
1 8 9 0
```

세 수의 곱셈은 차례대로 계산하든, 뒤의 두 수를 먼저 곱하든, 양쪽 끝의 두 수를 먼저 곱하든, 자신이 편한 방법으로 계산하면 돼요.

🐾 세 수의 곱셈을 하세요.

① $2 \times 5 \times 3 = \boxed{} \times 3 = \boxed{}$

② $2 \times 6 \times 4 =$

③ $3 \times 5 \times 5 =$

④ $4 \times 3 \times 5 =$

⑤ $4 \times 6 \times 3 =$

⑥ $5 \times 2 \times 6 =$

⑦ $4 \times 7 \times 6 =$

⑧ $7 \times 3 \times 6 =$

⑨ $5 \times 6 \times 7 =$

⑩ $8 \times 3 \times 4 =$

⑪ $8 \times 5 \times 7 =$

⑫ $9 \times 3 \times 6 =$

🐾 세 수의 곱셈을 하세요.

① 12×3×5

$$
\begin{array}{r}
1\,2 \\
\times\ \ 3 \\
\hline
3\,6 \\
\times\ \ 5 \\
\hline
\end{array}
$$

② 34×4×6

$$
\begin{array}{r}
3\,4 \\
\times\ \ 4 \\
\hline
\\
\times\ \ 6 \\
\hline
\end{array}
$$

③ 38×3×4

$$
\begin{array}{r}
3\,8 \\
\times\ \ 3 \\
\hline
\\
\times\ \ 4 \\
\hline
\end{array}
$$

④ 27×5×4

$$
\begin{array}{r}
\times\ \ \\
\hline
\\
\times\ \ \\
\hline
\end{array}
$$

⑤ 33×6×4

$$
\begin{array}{r}
\times\ \ \\
\hline
\\
\times\ \ \\
\hline
\end{array}
$$

⑥ 39×6×3

$$
\begin{array}{r}
\times\ \ \\
\hline
\\
\times\ \ \\
\hline
\end{array}
$$

⑦ 8×7×34

$$
\begin{array}{r}
\times\ \ \\
\hline
\\
\times\ \ \\
\hline
\end{array}
$$

⑧ 6×4×37

$$
\begin{array}{r}
\times\ \ \\
\hline
\\
\times\ \ \\
\hline
\end{array}
$$

⑨ 5×6×28

$$
\begin{array}{r}
\times\ \ \\
\hline
\\
\times\ \ \\
\hline
\end{array}
$$

수가 큰 세 수의 곱셈은 연속해서 세로셈으로 계산하면 편해요.

🐾 세 수의 곱셈을 하세요.

① 13×12×3

$$\times$$

$$\times$$

② 15×12×7

$$\times$$

$$\times$$

③ 14×15×4

$$\times$$

$$\times$$

④ 23×21×6

$$\times$$

$$\times$$

⑤ 36×22×4

$$\times$$

$$\times$$

⑥ 42×16×3

$$\times$$

$$\times$$

⑦ 17×5×12

$$\times$$

$$\times$$

⑧ 27×4×22

$$\times$$

$$\times$$

곱하는 순서가
바뀌어도 OK!

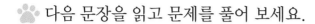
🐾 다음 문장을 읽고 문제를 풀어 보세요.

① 지후네 반은 4명씩 8모둠입니다. 학생 한 명에게 붙임딱지를 12장씩 나누어 주려면 붙임딱지는 모두 몇 장 있어야 할까요?

_____

② 가로가 4 cm이고, 세로가 3 cm인 색종이 20장을 겹치지 않게 이어 붙였다면 전체 면적은 몇 cm²일까요?

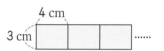

_____

③ 도넛 한 개를 만드는 데 설탕 6 g을 사용한다고 합니다. 한 상자에 6개씩 들어 있는 도넛 12상자를 만드는 데 필요한 설탕은 모두 몇 g일까요?

_____

④ 슈퍼에서 파는 계란 한 판에는 계란이 5개씩 6줄 담겨 있습니다. 25판에는 계란이 모두 몇 개 담겨 있을까요?

_____

② 색종이 1장의 면적은 4×3=12 (cm²)이에요.

☆ 덧셈과 뺄셈이 섞여 있는 식의 계산 순서

덧셈과 뺄셈이 섞여 있는 식은 ^{1} ☐ 에서부터 차례로 계산합니다.

앞에서부터 차례로

$$12-5+8=15$$

❶ 7
❷ 15

앞에 있는 내가 먼저야!

☆ 덧셈, 뺄셈, 곱셈이 섞여 있는 식의 계산 순서

덧셈, 뺄셈, 곱셈이 섞여 있는 식은 ^{2} ☐ 을 먼저 계산합니다.

곱셈 먼저!

$$10+3\times4-5=17$$

❶ 12
❷ 22
❸ 17

셋 중에선 내가 먼저야!

그 다음 우리는 차례로 계산!

☆ ( )가 있는 식의 계산 순서

( )가 있는 식은 ( ) 안을 가장 먼저 계산합니다.

( ) 안을 가장 먼저!

$$14+2\times(9-3)=26$$

❶ 6
❷ 12
❸ 26

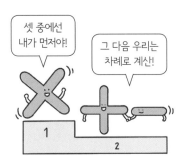

무조건 내가 먼저야!

그 다음은 나야!

마지막 우리는 차례로 계산!

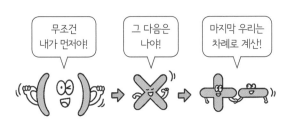

🐾 계산하세요.

① $15 + 3 + 9 =$ ☐

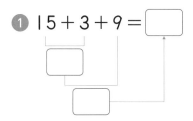

② $53 - 7 - 9 =$ ☐

③ $25 + 18 + 7 =$

④ $43 - 17 - 8 =$

⑤ $28 + 5 - 17 =$

⑥ $74 + 8 - 35 =$

⑦ $12 + 19 - 16 =$

⑧ $62 - 7 + 19 =$

⑨ $71 - 8 + 24 =$

⑩ $42 - 17 + 26 =$

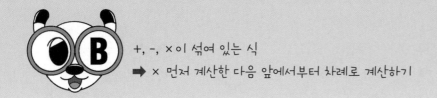

+, -, ×이 섞여 있는 식
➡ × 먼저 계산한 다음 앞에서부터 차례로 계산하기

🐾 계산하세요.

❶ $6 + 11 \times 3 - 18 = \boxed{}$

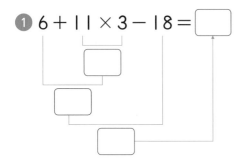

❷ $3 \times 12 - 32 + 3 = \boxed{}$

❸ $14 + 2 \times 13 - 36 =$

❹ $3 \times 7 + 9 - 18 =$

❺ $16 + 8 \times 8 - 76 =$

❻ $6 \times 3 + 28 - 31 =$

❼ $40 - 8 \times 4 + 12 =$

❽ $7 \times 9 - 42 + 9 =$

❾ $12 + 5 - 3 \times 5 =$

❿ $34 + 12 - 4 \times 4 =$

 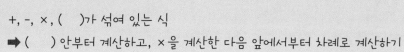 

+, −, ×, ( )가 섞여 있는 식

➡ ( ) 안부터 계산하고, ×을 계산한 다음 앞에서부터 차례로 계산하기

'괄호'라고 읽어요.

🐾 계산하세요.

❶ $2 \times (11 + 15) - 50 = \boxed{}$

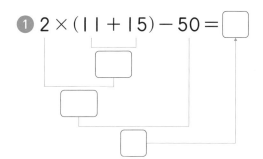

❷ $24 + 3 \times (15 - 8) = \boxed{}$

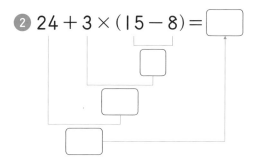

❸ $3 \times (15 + 6) - 41 =$

❹ $19 + 6 \times (30 - 18) =$

❺ $12 + (24 - 16) \times 8 =$

❻ $12 \times (23 - 17) + 8 =$

❼ $72 - (13 + 8) \times 3 =$

❽ $98 - (13 + 2) \times 6 =$

❾ $(32 - 26) \times 9 + 16 =$

❿ $(37 - 19) \times 5 + 24 =$

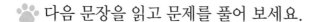

🐾 다음 문장을 읽고 문제를 풀어 보세요.

① 버스에 32명이 타고 있었는데 다음 정류장에서 7명이 내렸고, 11명이 더 탔습니다. 지금 버스에 타고 있는 사람은 몇 명일까요?

_____

② 운동회 때 학생들에게 선물로 연필을 주려고 연필 5타와 6자루를 샀습니다. 산 연필은 모두 몇 자루일까요?

_____

③ 어제 사탕이 13개 있었습니다. 오늘 엄마가 한 봉지에 8개씩 들어 있는 사탕 3봉지를 사오셨습니다. 오늘 5개를 먹었다면 남아 있는 사탕은 모두 몇 개일까요?

_____

④ 서현이네 학교는 5학년 7개 반, 6학년 8개 반입니다. 찰흙 200 kg을 준비하여 5·6학년 각 반마다 찰흙을 12 kg씩 나누어 주었습니다. 나누어 주고 남은 찰흙은 몇 kg일까요?

_____

속닥속닥

② 연필 1타는 12자루인 것 알죠?

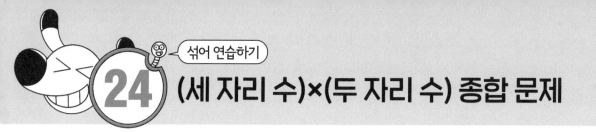

🐾 곱셈을 하세요.

①
```
  4 0 0
× 　 2 0
```

②
```
  3 2 3
× 　 3 0
```

③
```
  2 3 5
× 　 2 0
```

④
```
  1 4 7
× 　 3 0
```

⑤
```
  3 0 0
× 　 5 0
```

⑥
```
  3 1 1
× 　 2 4
```

⑦
```
  2 3 4
× 　 1 2
```

⑧
```
  3 0 2
× 　 3 2
```

⑨
```
  3 1 2
× 　 2 3
```

⑩
```
  3 1 4
× 　 3 0
```

⑪
```
  4 3 1
× 　 2 2
```

⑫
```
  2 6 1
× 　 3 1
```

🐾 곱셈을 하세요.

① 400 × 60

② 236 × 21

③ 133 × 34

④ 332 × 24

⑤ 501 × 50

⑥ 425 × 12

⑦ 362 × 45

⑧ 417 × 32

⑨ 452 × 63

⑩ 541 × 27

⑪ 712 × 21

⑫ 623 × 34

🐾 계산하세요.

① 17×4×3=

② 19×5×4=

③ 63+7−25=

④ 31−6+18=

⑤ 12+3×15−26=

⑥ 64−18+3×6=

⑦ 18+4×(12−8)=

⑧ (36−29)×9+18=

⑨ 90−2×(23+14)=

⑩ 3×(20−4)+12=

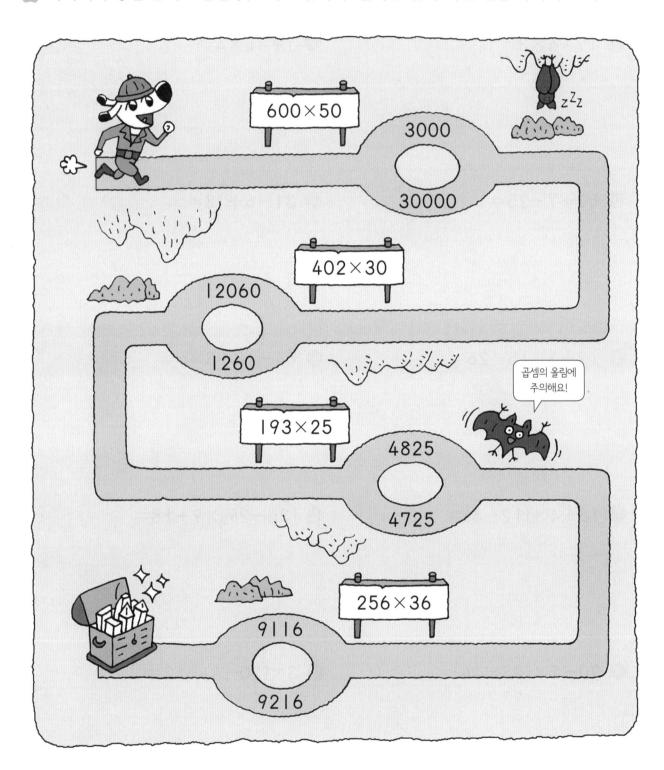

빠독이가 동굴 안의 보물을 찾으려고 합니다. 올바른 답이 적힌 길을 따라가 보세요.

당근에 쓰인 식의 계산 결과와 같은 수 카드를 가지고 있는 토끼가 당근의 주인입니다. 당근의 주인을 찾아 선으로 이어 보세요.

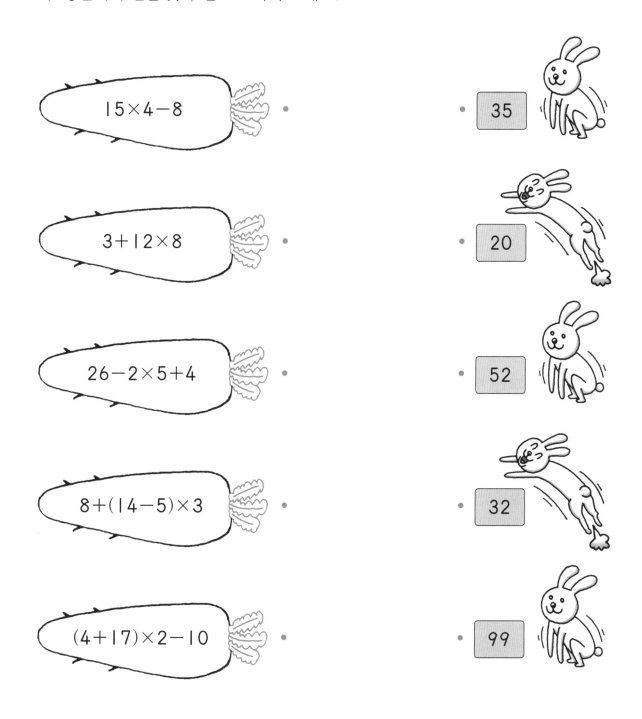

$15 \times 4 - 8$

$3 + 12 \times 8$

$26 - 2 \times 5 + 4$

$8 + (14 - 5) \times 3$

$(4 + 17) \times 2 - 10$

35

20

52

32

99

1부터 100까지 더하는 어느 천재의 계산법!

1부터 100까지 더하면 얼마일까요?

혹시 '1+2+3+4+5+……' 이렇게 하나하나 계산하고 있는 건 아니지요?

이 계산은 다음과 같이 생각하면 1분 안에 쉽게 계산할 수 있어요.

1과 100, 2와 99처럼 두 수를 서로 짝지어 더하면 101이 50개가

돼요. 따라서 101×50=5050이에요. 이렇게 계산한 학생이 바로

독일의 유명한 수학자 가우스예요. 가우스는 여러분처럼 초등학생 때

이렇게 계산해서 많은 사람을 놀라게 했답니다.

바쁜
5·6학년을 위한
빠른 곱셈

 정답

스마트폰으로도 정답을 확인할 수 있어요!

맨날 노는데 수학 잘하는 너! 도대체 비결이 뭐야?

① 정답을 확인한 후 틀린 문제는 ☆표를 쳐 놓으세요~.

② 그런 다음 연습장에 틀린 문제를 옮겨 적으세요.

③ 그리고 그 문제들만 한 번 더 풀어 보세요.

시간은 얼마 걸리지 않아요. 그러나 이때 실력이 확 붙는 거예요.
아는 문제를 여러 번 다시 푸는 건 시간 낭비예요.
내가 틀린 문제만 모아서 풀면 아무리 바쁘더라도
수학 실력을 키울 수 있어요!

비결은 간단해!

01

01단계 Ⓐ   19쪽

① 3, 30   ② 8, 80   ③ 15, 150   ④ 50
⑤ 60   ⑥ 80   ⑦ 140   ⑧ 100
⑨ 120   ⑩ 150   ⑪ 160   ⑫ 200
⑬ 280   ⑭ 240   ⑮ 420

01단계 Ⓑ   20쪽

① 24   ② 48   ③ 39   ④ 66
⑤ 48   ⑥ 62   ⑦ 82   ⑧ 66
⑨ 84   ⑩ 26   ⑪ 66   ⑫ 69
⑬ 68   ⑭ 84   ⑮ 96

01단계 Ⓒ   21쪽

① 33   ② 36   ③ 44   ④ 46
⑤ 77   ⑥ 63   ⑦ 99   ⑧ 120
⑨ 93   ⑩ 64   ⑪ 86   ⑫ 88
⑬ 99   ⑭ 88

01단계 도전! 땅 짚고 헤엄치는 **문장제**   22쪽

① 300초   ② 40개   ③ 39 cm
④ 36명   ⑤ 80마리

문장제 풀이

① $60 \times 5 = 300$(초)
② $10 \times 4 = 40$(개)
③ $13 \times 3 = 39$ (cm)
④ $12 \times 3 = 36$(명)
⑤ $20 \times 4 = 80$(마리)

02

02단계 Ⓐ   24쪽

① 124   ② 129   ③ 164   ④ 305
⑤ 104   ⑥ 186   ⑦ 216   ⑧ 108
⑨ 248   ⑩ 159   ⑪ 405   ⑫ 153
⑬ 219   ⑭ 126   ⑮ 246

02단계 Ⓑ   25쪽

① 287   ② 189   ③ 208   ④ 248
⑤ 189   ⑥ 246   ⑦ 486   ⑧ 549
⑨ 284   ⑩ 168   ⑪ 427   ⑫ 148
⑬ 255   ⑭ 497

02단계 Ⓒ   26쪽

① 546   ② 124   ③ 168   ④ 279
⑤ 369   ⑥ 273   ⑦ 568   ⑧ 279
⑨ 324   ⑩ 168   ⑪ 288   ⑫ 488
⑬ 637   ⑭ 328

02단계 도전! 땅 짚고 헤엄치는 **문장제**   27쪽

① 123개   ② 105송이   ③ 128 cm²
④ 147개   ⑤ 156장

문장제 풀이

① $41 \times 3 = 123$(개)
② $21 \times 5 = 105$(송이)
③ $32 \times 4 = 128$ (cm²)
④ $21 \times 7 = 147$(개)
⑤ $52 \times 3 = 156$(장)

03단계 Ⓐ

29쪽

① 34	② 68	③ 80	④ 81
⑤ 50	⑥ 87	⑦ 70	⑧ 72
⑨ 78	⑩ 96	⑪ 92	⑫ 54
⑬ 94	⑭ 51	⑮ 96	

03단계 Ⓑ

30쪽

① 30	② 32	③ 76	④ 85
⑤ 58	⑥ 60	⑦ 84	⑧ 70
⑨ 90	⑩ 91	⑪ 96	⑫ 72
⑬ 74	⑭ 90	⑮ 96	

03단계 Ⓒ

31쪽

① 84	② 78	③ 45	④ 76
⑤ 98	⑥ 54	⑦ 75	⑧ 78
⑨ 92	⑩ 48	⑪ 98	⑫ 112
⑬ 108	⑭ 114		

03단계 도전! 땅 짚고 헤엄치는 문장제

32쪽

① 75장	② 96개	③ 64개
④ 42살	⑤ 72개	

① $25 \times 3 = 75$(장)

② $12 \times 8 = 96$(개)

③ $16 \times 4 = 64$(개)

④ $14 \times 3 = 42$(살)

⑤ $18 \times 4 = 72$(개)

04단계 Ⓐ

34쪽

① 165	② 144	③ 125	④ 216
⑤ 115	⑥ 198	⑦ 170	⑧ 148
⑨ 175	⑩ 172	⑪ 329	⑫ 130
⑬ 260	⑭ 220	⑮ 168	

04단계 Ⓑ

35쪽

① 156	② 140	③ 189	④ 288
⑤ 132	⑥ 162	⑦ 174	⑧ 266
⑨ 196	⑩ 176	⑪ 135	⑫ 192
⑬ 364	⑭ 210	⑮ 222	

04단계 Ⓒ

36쪽

① 344	② 195	③ 165	④ 198
⑤ 297	⑥ 228	⑦ 256	⑧ 140
⑨ 230	⑩ 200	⑪ 252	⑫ 232
⑬ 315	⑭ 312		

04단계 도전! 땅 짚고 헤엄치는 문장제

37쪽

① 273	② <	③ 150개
④ 168 cm		

① (가장 큰 수)×(가장 작은 수)=$39 \times 7 = 273$

② $36 \times 4 = 144$, $27 \times 6 = 162$

③ $25 \times 6 = 150$(개)

④ $28 \times 6 = 168$(cm)

05

05단계 종합 문제 · 38쪽

① 120	② 48	③ 105	④ 159
⑤ 183	⑥ 100	⑦ 126	⑧ 168
⑨ 91	⑩ 96	⑪ 75	⑫ 135

05단계 종합 문제 · 39쪽

① 72	② 122	③ 168	④ 84
⑤ 235	⑥ 72	⑦ 273	⑧ 568
⑨ 110	⑩ 117	⑪ 410	⑫ 156

05단계 종합 문제 · 40쪽

① 6, 6, 12, 12, 24, 24, 48

② 8, 8, 16, 16, 32, 32, 64

③ 10, 10, 20, 20, 40, 40, 80

④ 12, 12, 24, 24, 48, 48, 96

⑤ 14, 14, 28, 28, 56, 56, 112

⑥ 16, 16, 32, 32, 64, 64, 128

⑦ 18, 18, 36, 36, 72, 72, 144

05단계 종합 문제 · 41쪽

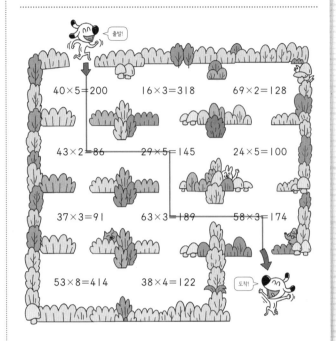

06단계 Ⓐ · 45쪽

① 226	② 399	③ 428	④ 626
⑤ 422	⑥ 846	⑦ 402	⑧ 880
⑨ 282	⑩ 963	⑪ 909	⑫ 828

06단계 Ⓑ · 46쪽

① 242	② 448	③ 264	④ 633
⑤ 666	⑥ 884	⑦ 624	⑧ 939
⑨ 993	⑩ 284	⑪ 840	⑫ 206
⑬ 608	⑭ 666		

06단계 Ⓒ · 47쪽

① 628	② 699	③ 644	④ 208
⑤ 969	⑥ 884	⑦ 468	⑧ 309
⑨ 800	⑩ 820	⑪ 888	⑫ 686
⑬ 996	⑭ 840		

① 930 km   ② 860 kcal   ③ 936 m

④ 1280 mL

문장제 풀이

① 310×3=930(km)

② 430×2=860(kcal)

③ 312×3=936(m)

④ 바나나 우유: 240×2=480(mL)
딸기 우유: 200×4=800(mL)
일주일 동안 마신 우유의 양:
480+800=1280(mL)

07

07단계 Ⓐ   50쪽

① 250   ② 452   ③ 496   ④ 381

⑤ 852   ⑥ 975   ⑦ 954   ⑧ 476

⑨ 645   ⑩ 896   ⑪ 858   ⑫ 870

⑬ 676   ⑭ 876   ⑮ 580

07단계 Ⓑ   51쪽

① 306   ② 516   ③ 502   ④ 744

⑤ 549   ⑥ 922   ⑦ 489   ⑧ 756

⑨ 723   ⑩ 816   ⑪ 762   ⑫ 906

⑬ 608   ⑭ 786   ⑮ 964

07단계 Ⓒ   52쪽

① 1024   ② 1869   ③ 1428   ④ 1644

⑤ 2550   ⑥ 2466   ⑦ 1509   ⑧ 1866

⑨ 1468   ⑩ 2807   ⑪ 1860   ⑫ 1226

⑬ 2840   ⑭ 1539   ⑮ 1680

07단계 Ⓓ   53쪽

① 945   ② 2484   ③ 627   ④ 328

⑤ 519   ⑥ 928   ⑦ 387   ⑧ 3577

⑨ 894   ⑩ 788   ⑪ 968   ⑫ 972

⑬ 696   ⑭ 942

07단계 도전! 땅 짚고 헤엄치는 문장제   54쪽

① 750원   ② 575쪽   ③ 322 km

④ 568 cm

문장제 풀이

① 150×5=750(원)

② 115×5=575(쪽)

③ 161×2=322(km)

④ 142×4=568(cm)

08

08단계 Ⓐ   56쪽

① 528   ② 984   ③ 1068   ④ 734

⑤ 1425   ⑥ 1174   ⑦ 652   ⑧ 959

⑨ 792   ⑩ 774   ⑪ 1352   ⑫ 2265

⑬ 1396   ⑭ 1350   ⑮ 2152

08단계 B 57쪽

① 664 ② 1071 ③ 1470 ④ 828
⑤ 555 ⑥ 2530 ⑦ 1377 ⑧ 1671
⑨ 1455 ⑩ 1758 ⑪ 944 ⑫ 3750
⑬ 1770 ⑭ 1045 ⑮ 2944

08단계 C 58쪽

① 1725 ② 1215 ③ 2172 ④ 2592
⑤ 885 ⑥ 2896 ⑦ 1540 ⑧ 1690
⑨ 1536 ⑩ 3496 ⑪ 2460 ⑫ 1974
⑬ 2244 ⑭ 1800 ⑮ 1308

08단계 도전! 땅 짚고 헤엄치는 문장제 59쪽

① 1825일 ② 1148개 ③ 1680가구
④ 756 m

문장제 풀이

① 365×5=1825(일)
② 164×7=1148(개)
③ 240×7=1680(가구)
④ 126×6=756(m)

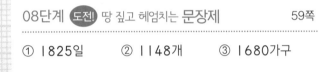

09단계 종합 문제 60쪽

① 333 ② 693 ③ 672 ④ 330
⑤ 1269 ⑥ 1407 ⑦ 504 ⑧ 1836
⑨ 864 ⑩ 1120 ⑪ 791 ⑫ 525

09단계 종합 문제 61쪽

① 1600 ② 669 ③ 1084 ④ 4599
⑤ 768 ⑥ 882 ⑦ 1884 ⑧ 3192
⑨ 1110 ⑩ 1612 ⑪ 1386 ⑫ 1881

09단계 종합 문제 62쪽

① 430 ② 678 ③ 849 ④ 1044
⑤ 812 ⑥ 654 ⑦ 1288 ⑧ 1068
⑨ 1190 ⑩ 4040 ⑪ 1152 ⑫ 5901

09단계 종합 문제 63쪽

① 12, 12, 36, 36, 108, 108, 324
② 15, 15, 45, 45, 135, 135, 405
③ 21, 21, 63, 63, 189, 189, 567
④ 20, 20, 100, 100, 500, 500, 2500
⑤ 30, 30, 150, 150, 750, 750, 3750
⑥ 25, 25, 125, 125, 625, 625, 3125
⑦ 44, 44, 176, 176, 704, 704, 2816

09단계 종합 문제 64쪽

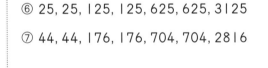
올림에 주의하며 풀어 봐요!

10

10단계 Ⓐ　　　　　　　　　　　67쪽

① 6　　② 500　　③ 600　　④ 200

⑤ 400　　⑥ 300　　⑦ 12　　⑧ 1500

⑨ 1200　　⑩ 1600　　⑪ 1200　　⑫ 1600

⑬ 2500　　⑭ 1600　　⑮ 1800

10단계 Ⓑ　　　　　　　　　　　68쪽

① 500　　② 600　　③ 700　　④ 400

⑤ 300　　⑥ 1000　　⑦ 1200　　⑧ 1800

⑨ 2100　　⑩ 1400　　⑪ 2000　　⑫ 2100

⑬ 4200　　⑭ 3500　　⑮ 4000

10단계 Ⓒ　　　　　　　　　　　69쪽

① 900　　② 700　　③ 2400　　④ 900

⑤ 1400　　⑥ 800　　⑦ 1800　　⑧ 2400

⑨ 2800　　⑩ 3000　　⑪ 2700　　⑫ 4000

⑬ 3200　　⑭ 6400

10단계 도전! 땅 짚고 헤엄치는 문장제　　　70쪽

① 3600초　　② 1000 m　　③ 1500개

④ 4800회

문장제 풀이

① 60×60=3600(초)

② 50×20=1000(m)

③ 30×50=1500(개)

④ 80×60=4800(회)

11

11단계 Ⓐ　　　　　　　　　　　72쪽

① 24　　② 360　　③ 480　　④ 390

⑤ 420　　⑥ 480　　⑦ 660　　⑧ 500

⑨ 640　　⑩ 126　　⑪ 1800　　⑫ 1100

⑬ 1140　　⑭ 1900　　⑮ 1120

11단계 Ⓑ　　　　　　　　　　　73쪽

① 260　　② 410　　③ 690　　④ 960

⑤ 720　　⑥ 1040　　⑦ 1050　　⑧ 1320

⑨ 1080　　⑩ 1400　　⑪ 1650　　⑫ 2100

⑬ 1620　　⑭ 2120　　⑮ 1740

11단계 Ⓒ　　　　　　　　　　　74쪽

① 140　　② 280　　③ 880　　④ 900

⑤ 1760　　⑥ 1160　　⑦ 2350　　⑧ 2240

⑨ 1980　　⑩ 1160　　⑪ 2100　　⑫ 1720

⑬ 2520　　⑭ 3710

11단계 도전! 땅 짚고 헤엄치는 문장제　　　75쪽

① 240달　　② 1920권　　③ 840 cm

④ 720명　　⑤ 1750개

문장제 풀이

① 12×20=240(달)

② 32×60=1920(권)

③ 21×40=840(cm)

④ 24×30=720(명)

⑤ 35×50=1750(개)

12단계 A 77쪽

① 132 ② 168 ③ 165 ④ 154
⑤ 288 ⑥ 273 ⑦ 462 ⑧ 276
⑨ 299 ⑩ 372 ⑪ 374 ⑫ 682

12단계 B 78쪽

① 252 ② 492 ③ 396 ④ 651
⑤ 416 ⑥ 308 ⑦ 672 ⑧ 506
⑨ 429 ⑩ 882 ⑪ 713 ⑫ 605

12단계 C 79쪽

① 286 ② 264 ③ 484 ④ 682
⑤ 992 ⑥ 209 ⑦ 308 ⑧ 671
⑨ 528 ⑩ 429 ⑪ 903

12단계 도전! 땅 짚고 헤엄치는 문장제 80쪽

① 132자루 ② 288개 ③ 528 m
④ 384명 ⑤ 429 m

문장제 풀이

① 12×11=132(자루)
② 24×12=288(개)
③ 22×24=528(m)
④ 32×12=384(명)
⑤ 39×11=429(m)

13단계 A 82쪽

① 195 ② 208 ③ 224 ④ 420
⑤ 240 ⑥ 221 ⑦ 338 ⑧ 336
⑨ 312 ⑩ 252 ⑪ 444 ⑫ 552

13단계 B 83쪽

① 192 ② 350 ③ 300 ④ 256
⑤ 204 ⑥ 348 ⑦ 351 ⑧ 377
⑨ 456 ⑩ 468 ⑪ 576 ⑫ 564

13단계 C 84쪽

① 285 ② 325 ③ 351 ④ 336
⑤ 364 ⑥ 432 ⑦ 378 ⑧ 540
⑨ 552 ⑩ 782 ⑪ 576

13단계 도전! 땅 짚고 헤엄치는 문장제 85쪽

① 552 cm² ② 180개 ③ 420송이
④ 270초 ⑤ 336개

문장제 풀이

① (직사각형의 넓이)=(가로)×(세로)
      =24×23=552(cm²)
② 15×12=180(개)
③ 35×12=420(송이)
④ 18×15=270(초)
⑤ 28×12=336(개)

14

14단계 Ⓐ
87쪽

① 315 ② 357 ③ 378 ④ 559
⑤ 589 ⑥ 546 ⑦ 837 ⑧ 768
⑨ 899 ⑩ 867 ⑪ 735 ⑫ 798

14단계 Ⓑ
88쪽

① 546 ② 525 ③ 777 ④ 588
⑤ 915 ⑥ 779 ⑦ 744 ⑧ 738
⑨ 943 ⑩ 989 ⑪ 806 ⑫ 966

14단계 Ⓒ
89쪽

① 336 ② 663 ③ 558 ④ 689
⑤ 714 ⑥ 984 ⑦ 816 ⑧ 868
⑨ 806 ⑩ 756 ⑪ 987 ⑫ 876

14단계 도전! 땅 짚고 헤엄치는 문장제
90쪽

① 945 g ② 588쪽 ③ 546초
④ 448 cm ⑤ 775분

문장제 풀이

① $45 \times 21 = 945\,(g)$

② $28 \times 21 = 588\,(쪽)$

③ $13 \times 42 = 546\,(초)$

④ $14 \times 32 = 448\,(cm)$

⑤ $25 \times 31 = 775\,(분)$

15

15단계 Ⓐ
92쪽

① 375 ② 816 ③ 891 ④ 720
⑤ 1012 ⑥ 1394 ⑦ 1428 ⑧ 1836
⑨ 1116 ⑩ 1184 ⑪ 3276 ⑫ 1504

15단계 Ⓑ
93쪽

① 960 ② 896 ③ 1152 ④ 1368
⑤ 1825 ⑥ 2646 ⑦ 1403 ⑧ 1760
⑨ 2025 ⑩ 1826 ⑪ 1332 ⑫ 3913

15단계 Ⓒ
94쪽

① 391 ② 612 ③ 665 ④ 696
⑤ 850 ⑥ 918 ⑦ 858 ⑧ 1558
⑨ 1763 ⑩ 2365 ⑪ 1426 ⑫ 3627

15단계 도전! 땅 짚고 헤엄치는 문장제
95쪽

① 832개 ② > ③ 957개
④ 1575 cm² ⑤ 1512개

문장제 풀이

① $32 \times 26 = 832\,(개)$

② $35 \times 17 = 595,\ 16 \times 24 = 384$

③ $33 \times 29 = 957\,(개)$

④ $45 \times 35 = 1575\,(cm^2)$

⑤ $28 \times 54 = 1512\,(개)$

16

16단계 종합 문제　　　　　　　　　96쪽

① 600　　② 450　　③ 286　　④ 693

⑤ 156　　⑥ 680　　⑦ 1500　　⑧ 442

⑨ 682　　⑩ 765　　⑪ 1040　　⑫ 552

16단계 종합 문제　　　　　　　　　97쪽

① 1800　　② 336　　③ 444　　④ 676

⑤ 728　　⑥ 816　　⑦ 1426　　⑧ 728

⑨ 1168　　⑩ 1372　　⑪ 1536　　⑫ 2772

16단계 종합 문제　　　　　　　　　98쪽

① 2000　　② 240　　③ 468　　④ 532

⑤ 780　　⑥ 1410　　⑦ 928　　⑧ 1081

⑨ 2442　　⑩ 3744　　⑪ 3654　　⑫ 4704

16단계 종합 문제　　　　　　　　　99쪽

① 2280　　　　　② 2000

③ 135, 540, 675　　④ 432, 540, 972

⑤ 840, 392, 448

16단계 종합 문제　　　　　　　　　100쪽

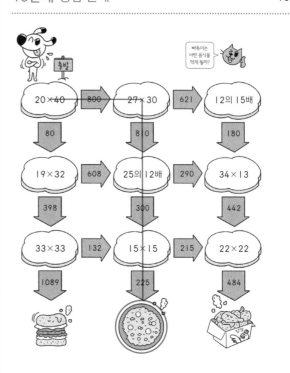

17

17단계 Ⓐ　　　　　　　　　103쪽

① 300　　　② 3000　　　③ 30000

④ 1500　　⑤ 15000　　⑥ 150000

⑦ 700　　　⑧ 80000　　⑨ 12000

⑩ 2000　　⑪ 60000　　⑫ 400000

⑬ 10000　⑭ 12000　　⑮ 50000

17단계 Ⓑ　　　　　　　　　104쪽

① 16000　　② 15000　　③ 80000

④ 50000　　⑤ 120000　⑥ 60000

⑦ 150000　⑧ 180000　⑨ 200000

⑩ 8000　　⑪ 28000　　⑫ 400000

⑬ 16000　⑭ 20000　　⑮ 270000

17단계 C
105쪽

① 100000   ② 3000000   ③ 2100000

④ 500000   ⑤ 1600000   ⑥ 1200000

⑦ 2000000   ⑧ 1000000   ⑨ 2800000

⑩ 2400000   ⑪ 2700000   ⑫ 2500000

⑬ 2800000   ⑭ 3000000

17단계 도전! 땅 짚고 헤엄치는 문장제
106쪽

① 6000원   ② 60000원   ③ 90000원

① 300×20=6000(원)

② 30×2000=60000(원)

③ 2000×45=90000(원)

18단계 C
110쪽

① 6090   ② 2060   ③ 12060   ④ 15250

⑤ 25400   ⑥ 12280   ⑦ 18090   ⑧ 12900

⑨ 30700   ⑩ 17200   ⑪ 40300

18단계 도전! 땅 짚고 헤엄치는 문장제
111쪽

① 7300일   ② 7200 mL   ③ 19500원

④ 8700 m

① 365×20=7300(일)

② 240×30=7200(mL)

③ 650×30=19500(원)

④ 435×20=8700(m)

 18

18단계 A
108쪽

① 2240   ② 3630   ③ 8840   ④ 6390

⑤ 2680   ⑥ 4840   ⑦ 2860   ⑧ 3390

⑨ 4880   ⑩ 6420   ⑪ 9330   ⑫ 9930

18단계 B
109쪽

① 7320   ② 9060   ③ 3900   ④ 7530

⑤ 6960   ⑥ 6750   ⑦ 6340   ⑧ 8560

⑨ 8320   ⑩ 16400   ⑪ 13240

 19

19단계 A
113쪽

① 1221   ② 1586   ③ 2793   ④ 2728

⑤ 5064   ⑥ 6996   ⑦ 8692   ⑧ 6820

⑨ 4043   ⑩ 4914   ⑪ 4920   ⑫ 7106

19단계 B
114쪽

① 1573   ② 1572   ③ 2442   ④ 3168

⑤ 4092   ⑥ 4884   ⑦ 7153   ⑧ 3663

⑨ 9951   ⑩ 7326   ⑪ 6804   ⑫ 9982

① 4741　② 9042　③ 4182　④ 8820

⑤ 8862　⑥ 8883　⑦ 8463　⑧ 9086

⑨ 8904　⑩ 5643　⑪ 7223

① 3136　② 5704　③ 3570　④ 4505

⑤ 7595　⑥ 9632　⑦ 9676　⑧ 6435

⑨ 9982　⑩ 6132　⑪ 9048

19단계 도전! 땅 짚고 헤엄치는 **문장제**　　116쪽

① 8820원　② 8610 km　③ 2784 cm

④ 3472 kg

문장제 풀이

① 210×42=8820(원)

② 410×21=8610(km)

③ 232×12=2784(cm)

④ 코끼리가 하루에 먹는 먹이의 양은
　80+15+17=112(kg)입니다.
　따라서 코끼리가 31일 동안 먹는 먹이의 양은
　112×31=3472(kg)입니다.

20단계 도전! 땅 짚고 헤엄치는 **문장제**　　121쪽

① 8500 m　② 2700회　③ 6540 mL

④ 13500원

문장제 풀이

① 340×25=8500(m)

② 180×15=2700(회)

③ 545×12=6540(mL)

④ 750×18=13500(원)

20단계 A 　　　　　118쪽

① 3068　② 5832　③ 3060　④ 4942

⑤ 5824　⑥ 8043　⑦ 8016　⑧ 5852

⑨ 9513　⑩ 6420　⑪ 8151　⑫ 7056

20단계 B 　　　　　119쪽

① 2964　② 2632　③ 3224　④ 3675

⑤ 3760　⑥ 5612　⑦ 4305　⑧ 3471

⑨ 5004　⑩ 9912　⑪ 5372　⑫ 4815

21단계 A 　　　　　123쪽

① 11356　② 17808　③ 16060　④ 12780

⑤ 14976　⑥ 17531　⑦ 12604　⑧ 20424

⑨ 28028　⑩ 18361　⑪ 19822　⑫ 15625

21단계 B 　　　　　124쪽

① 11704　② 13680　③ 14476　④ 15390

⑤ 13120　⑥ 13608　⑦ 14592　⑧ 19578

⑨ 17680　⑩ 21780　⑪ 22032　⑫ 22557

21단계 © 　125쪽

① 15565　② 14587　③ 13364　④ 15288

⑤ 18444　⑥ 18705　⑦ 19328　⑧ 21412

⑨ 23764　⑩ 25578　⑪ 30681　⑫ 37741

21단계 도전! 땅 짚고 헤엄치는 문장제 　126쪽

① 10625 g　　② 12960 kcal

③

영수증			
상품	개수	개당 가격	가격
종이컵	25개	36원	900원
종이 접시	25개	360원	9000원
사탕	120개	38원	4560원
초콜릿	240개	45원	10800원
총 금액			25260원

① 125×85=10625 (g)

② 540×24=12960 (kcal)

③ 종이컵: 25×36=900(원)

　종이 접시: 25×360=9000(원)

　사탕: 120×38=4560(원)

　초콜릿: 240×45=10800(원)

　총 금액: 900+9000+4560+10800

　　　　＝25260(원)

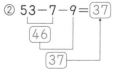

22단계 Ⓐ 　128쪽

① 10, 30　② 48　③ 75　④ 60

⑤ 72　⑥ 60　⑦ 168　⑧ 126

⑨ 210　⑩ 96　⑪ 280　⑫ 162

22단계 Ⓑ 　129쪽

① 180　② 816　③ 456　④ 540

⑤ 792　⑥ 702　⑦ 1904　⑧ 888

⑨ 840

22단계 © 　130쪽

① 468　② 1260　③ 840　④ 2898

⑤ 3168　⑥ 2016　⑦ 1020　⑧ 2376

22단계 도전! 땅 짚고 헤엄치는 문장제 　131쪽

① 384장　　② 240 cm²　　③ 432 g

④ 750개

① 4×8×12=384(장)

② 4×3×20=240 (cm²)

③ 6×6×12=432 (g)

④ 5×6×25=750(개)

23단계 Ⓐ 　133쪽

① 15＋3＋9＝27
　18
　　27

② 53－7－9＝37
　46
　　37

③ 50　④ 18　⑤ 16　⑥ 47

⑦ 15　⑧ 74　⑨ 87　⑩ 51

① $6+11×3-18=\boxed{21}$
　　　　　$\boxed{33}$
　　　$\boxed{39}$
　　　　　$\boxed{21}$

② $3×12-32+3=\boxed{7}$
　　$\boxed{36}$
　　　$\boxed{4}$
　　　　　$\boxed{7}$

③ 4　　　　④ 12　　　⑤ 4　　　⑥ 15

⑦ 20　　　⑧ 30　　　⑨ 2　　　⑩ 30

① $2×(11+15)-50=\boxed{2}$
　　　　　$\boxed{26}$
　　　$\boxed{52}$
　　　　$\boxed{2}$

② $24+3×(15-8)=\boxed{45}$
　　　　　　$\boxed{7}$
　　　　$\boxed{21}$
　　　　$\boxed{45}$

③ 22　　　④ 91　　　⑤ 76　　　⑥ 80

⑦ 9　　　⑧ 8　　　⑨ 70　　　⑩ 114

① 36명　　　　② 66자루　　　③ 32개

④ 20 kg

문장제 풀이

① $32-7+11=36$(명)

② $12×5+6=66$(자루)

③ $13+8×3-5=32$(개)

④ $200-(7+8)×12=20$(kg)

① 8000　　② 9690　　③ 4700　　④ 4410

⑤ 15000　⑥ 7464　　⑦ 2808　　⑧ 9664

⑨ 7176　　⑩ 9420　　⑪ 9482　　⑫ 8091

① 24000　② 4956　　③ 4522　　④ 7968

⑤ 25050　⑥ 5100　　⑦ 16290　⑧ 13344

⑨ 28476　⑩ 14607　⑪ 14952　⑫ 21182

① 204　　② 380　　③ 45　　④ 43

⑤ 31　　⑥ 64　　⑦ 34　　⑧ 81

⑨ 16　　⑩ 60

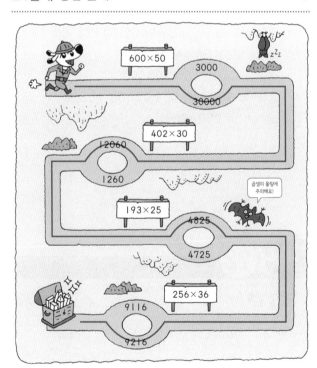

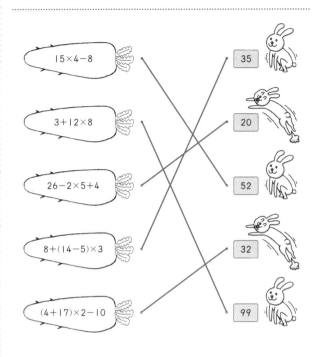

'바쁜 5·6학년을 위한 빠른 분수'

하~ 자꾸 분수만 틀리네? 분수만 모아 놓은 문제집 어디 없나?

"영역별로 공부하면 선행할 때도 빨리 이해되고, 복습할 때도 효율적입니다."

연산 총정리! 중학교 입학 전에 끝내야 할 분수 총정리

초등 연산의 완성인 분수 영역이 약하면 중학교 수학을 포기하기 쉽다!
고학년은 몰입해서 10일 안에 분수를 끝내자!

영역별 완성! 고학년은 영역별 연산 훈련이 답이다!

고학년 연산은 분수, 소수 등 영역별로 훈련해야 효과적이다!

탄력적 배치! 고학년은 고학년답게! 효율적인 문제 배치!

쉬운 내용은 압축해서 빠르게, 어려운 문제는 충분히 공부하자!

5·6학년용 '바빠 연산법'　　　　　　　　　지름길로 가자! 고학년 전용 연산책

분수

소수

곱셈

나눗셈

바쁜 3·4학년을 위한 빠른 연산법 - 덧셈, 뺄셈, 곱셈, 나눗셈도 있어요!

이렇게 공부가 잘 되는 영어 책 봤어?
손이 기억하는 영어 훈련 프로그램!

★ 딸을 위해 1년간 서점을 뒤지다 찾아낸 보물 같은 책, 이 책은 무조건 사야 합니다. – 어느 학부모의 찬사

★ 개인적으로 최고라고 생각하는 영어 시리즈! – YBM어학원 10년 연속 최우수학원 원장, 허성원

정확한 문법으로 영어 문장을 만든다!

초등 기초 영문법은 물론 중학 기초 영문법까지
해결되는 책.

* 3·4학년용 영문법도 있어요!

첨삭 없이 공부할 수 있는 첫 번째 영작 책!

연필 잡고 쓰기만 하면 1형식부터
5형식 문장을 모두 쓸 수 있다.

띄엄띄엄 배웠던 시제를 한 번에 총정리!

동사의 3단 변화도 저절로 해결.

과학적 학습법이 총동원된 책!

짝 단어로 외우니 효과 2배.

* 3·4학년용 영단어도 있어요!

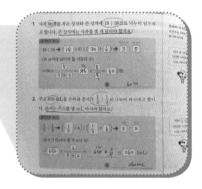
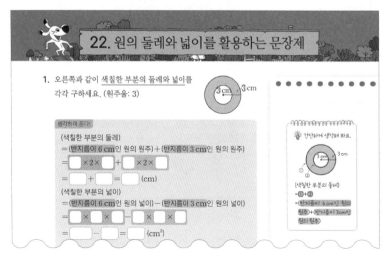

바빠 중학수학
기초 완성 프로젝트!

전국의 명강사들이 추천한 책!

저자 임미연 선생님의 개념 강의 보기

▶ 유튜브에서 '대치동 임쌤 수학'을 검색하세요!

❶권 〈소인수분해, 정수와 유리수 영역〉

❷권 〈일차방정식, 그래프와 비례 영역〉

1학기 제일 먼저 풀어야 할 문제집!

2학기는 바빠 중학도형

❶권 〈수와 식의 계산, 부등식 영역〉
❷권 〈연립방정식, 함수 영역〉

❶권 〈제곱근과 실수, 다항식의 곱셈,
　　　　 인수분해 영역〉
❷권 〈이차방정식, 이차함수 영역〉

〈기본 도형과 작도, 평면도형,
　입체도형, 통계〉

바쁜 친구들이 즐거워지는 빠른 학습법!
"덜 공부해도 더 빨라져요!"

> **연산 기초를 잡는** 획기적인 책!
> 교과 공부에도 직접 도움이 돼요!
> 남정원 원장(대치동 남정원수학)

> **학습 결손이 생겼을 때** 취약한
> 연산만 보충해 줄 수 있어요!
> 김정희 원장(일산 마두학원)

📖 교과 연계용 **바빠 교과서 연산**

이번 학기 필요한 연산만 모은 **학기별 연산책**

- **수학 전문학원 원장님들의 연산 꿀팁 수록!**
  – 연산 꿀팁으로 계산이 빨라져요!
- **학교 진도 맞춤 연산!**
  – 단원평가 직전에 풀어 보면 효과적!
- **친구들이 자주 틀린 문제** 집중 연습!
  – 덜 공부해도 더 빨라지네?
- 스스로 집중하는 **목표 시계의 놀라운 효과!**

* 중학연산 분야 1위! '바빠 중학연산'도 있습니다!

📖 결손 보강용 **바빠 연산법**

분수든 소수든 골라 보는 **영역별 연산책**

- 바쁜 초등학생을 위한 빠른
  – **평면도형 계산**, 입체도형 계산
  – **사연수의 혼합 계산**, 분수와 소수의 혼합 계산
  – **약수와 배수**, 비와 비례, 확률과 통계
- 바쁜 5·6학년을 위한 빠른
  – 곱셈, **나눗셈**, **분수**, 소수, 방정식

  💬 표시한 책은 더 많은 친구들이 찾는 책입니다!

* 예비 중1 필독서! '바빠 **초등 수학 총정리**'도 있습니다!

⚠ 주의
책 모서리에 찍히거나
책장에 베이지 않게
조심하세요.

64410

9 791163 032489
ISBN 979-11-6303-248-9
ISBN 979-11-6303-253-3 (세트)

가격 9,800원

교과서 집필 교수, 영재교육 연구소, 수학전문학원,
명강사들이 적극 추천한 '바빠 연산법'!

"영역별로 모아서 공부하면 효율적!"

바빠 공부단 ▼ 을 검색해 보세요!